U0057725

60招 有效居家 衣物去污法

家事達人 **Page**◎著

人文的・健康的・DIY的
腳丫文化

去污其實沒那麼難！

■自序

　　一件漂亮的衣物不小心沾到了難洗的污漬，難道只能報銷了嗎？本書要告訴你污漬只要用對方法就能簡單又有效去除，最重要的原則是「愈快愈好」，最好能在24小時內盡快處理污漬，就能減少污漬去除的困難度，若是在餐廳、學校或是遊樂區等，一回到家最好能立即進行去污動作。

　　很多人衣服一沾到醬油、咖啡或者是衣服被彩色筆劃到，就不知所措煩惱不已，用了錯誤的去污方法。其實去污沒那麼難，只要掌握去污基本原則，就能讓污漬的傷害降到最低，尤其是發生污漬時第一時間的處理動作非常重要，例如遇到醬油或咖啡的污漬，不要馬上用沾了水的紙巾擦拭，而是應該用乾的紙巾或手帕擦拭，才不會讓污漬範圍擴大更難處理。

　　書中介紹的方法都是生活周遭容易取得的清潔去污用品，例如小蘇打、洗碗精、牙膏等，有些難洗的污垢可能需要使用到化學物品，使用時要注意環境通風並戴上手套，確保安全，去除污漬前也別忘了仔細檢查洗滌標示確認衣物的材質，並做好褪色測試，去污後再進行一般的洗滌程序。本書以棉質的衣物為主，不可水洗衣物、高級衣料材質則建議交由專業乾洗店處理。

　　生活中充滿各種污漬發生的狀況，不同的污漬會因為衣物材質、污漬特性而有不同的去污方法，書裡特別整理了60種去污方法，從衣服、鞋子到包包、帽子，找出各種容易不小心沾到污垢的狀況，當你遇到污漬時一點也不需要慌張，趕緊翻開本書查閱，希望能幫助你輕鬆去除污漬。

目次 CONTENTS

PART 1

去污前準備工夫

　　污漬種類很多，根據不同的污漬狀況有不同的除污方式，在進行去污之前先了解去污的基本概念、處理原則與該準備什麼工具、清潔用品，能讓清除工作變得更加得心應手，去污工作輕鬆簡單、事半功倍。

去污12大基本方法

當心愛的衣服衣物沾到污垢時,不要慌張,只要掌握12個基本處理方法,你也能成為居家去污達人。

1 清理越迅速,去污效果越好

污垢、斑漬剛產生時,是去污的最佳時機。放置時間越長,越有可能形成永久性污漬而不易清除。去污時一次清除不掉可重複去污步驟,若是較高級的布料材質或是較大範圍則建議請教洗衣店或專家。

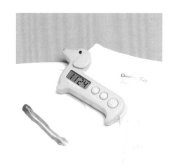

2 清理前,應明確辨識衣服材質

「污染物的種類」和「被染物的材質」這兩項因素決定了處理污漬的方法。知道了被染污衣物的表面材質,將有助於選擇正確的處理方法,並能有效防止布料表面受損。

3 清洗時,要從衣物的污漬背面處理

避免將污垢、斑漬搓入纖維的更裡層,造成衣物二度的傷害。

4 處理沾到污漬物品時,力度要輕

搓洗、擰乾或擠壓都可能會使污漬滲透得更深,有時還會損壞衣物纖維。

仔細閱讀洗滌標示

仔細閱讀織品、衣物所附的洗標、注意事項標籤，以及商品上的說明！對被污染衣物擁有越多越充份的資訊，越能有效的完成去污動作。

 污漬清除動作要在洗滌前進行

必須先處理髒污處再進行浸泡或洗滌動作。未清除的污漬經洗滌容易因此定型，形成永久性污漬；且也易沾污或轉印到其他乾淨的地方。

 要預先對去污劑、褪色進行測試

顏色鮮豔的衣服可能會有褪色的情形，去污前先做確認，可於不顯眼處或口袋內側摺邊滴上1滴洗碗精，再用棉花棒或白布測試顏色是否轉移，若衣物會褪色則應避免去污動作。

 使用去污產品前，應盡可能除去污染物

液體的污漬，可用湯匙舀出，或用乾淨的白布、紙巾吸乾；若為固體的污漬，可用湯匙或抹刀刮除；如果是粉末狀的污漬，可將其抖落或用牙刷刷掉。在清除多餘污染物時，注意不要將污漬範圍擴大。

9 按照清潔品使用說明進行操作

通讀產品包裝上的所有生產商說明。若想自製清潔用品,要確認使用正確成分,以及所配製的清潔劑和說明上的描述有無出入。

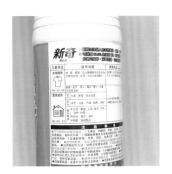

10 從外圍向內清除污漬

在清理多數污漬時,清理動作最好由外向內進行。因為此動作方式有助於避免污漬向外擴散。

11 污漬未完全清除前,應避免加熱

不可讓熱水接觸污漬或用加熱的方法烘乾沾染著污漬的物品,也絕不可熨燙被染面料。因為加熱會讓污漬定型變得無法去除。(不過,加熱法卻可以用於去除某些纖維面料上的光蠟。)

12 去污後,必須再按照一般洗滌程序洗淨

為了避免衣服上殘留的除垢劑渲染成一塊印子,清除污斑後必須再加以洗滌。使用水洗或機洗請參考衣服所附的洗滌標示。(衣服洗滌標示符號說請詳見 P.109)

衣物急救處理法則 Do & Don't

通常衣物沾到污漬的狀況都是發生在外出的時候,例如在餐廳用餐或是看電影吃東西等,一不小心就被果汁或是醬料滴到,此時可別慌張懊悔,只要照著以下該做與不該做的處理原則,可避免污漬擴大,減少污漬滲入衣料纖維的面積,回家後再趕緊處理,讓衣物恢復如新。

Do 徹底執行衣物去污急救 5 要訣——
吸、抓、刮、沖、拍

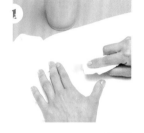

面對剛沾上的污漬,5種急救動作主要是把握新鮮污漬的黃金時間,先將髒掉的部份做簡單處理,雖無法完全將污漬去除,但能有效的將髒污傷害減到最低,回家後要盡快使用正確去污方法將污漬除去。

注意:急救動作要輕柔,不可來回擦拭或用力刮除,否則將使污漬滲入纖維,就不易清除了。

衣物去污急救 5 要訣

1 『吸』
用乾淨的布或紙巾先將多餘的污漬吸起,可避免範圍擴大,這個方法幾乎適用所有剛沾到的液體污漬,所以「吸」可以算是去污急救必做的第一動作。

2 『抓』
沾到巧克力、肉塊這種塊狀的污垢時,要先把多餘的污垢輕輕捏抓起來。捏抓的時候,可用面紙包住污垢直接抓取,不要徒手抓,以免手上的污漬又摸到衣服其他地方,造成更多髒污。

3 『刮』
沾到肉醬、果醬、奶油等整團的污垢、或不溶於水的污垢時,記得先把多餘的污垢輕輕刮起,但注意刮除時一定要小心不要碰到衣服其他乾淨的地方,可利用塑膠票卡、湯匙、鈍刀等扁平的工具協助刮除。

４ 『沖』

用清水沖掉大部分污漬，可將污漬先稀釋，減少污漬滲入衣物纖維的機會。日常生活中容易碰到的污漬大多都可用水作去污處理，但有少部分污漬碰到水後會擴散範圍，所以沖水前記得先滴一滴水測試，以確保安全。

５ 『拍』

當在外面場所沾染到污漬，不方便沖水的時候，可以拿乾布、面紙沾濕拍打髒污處作基本的去污動作，減少污漬滲入衣物纖維，讓後續處理更容易。

Don't １ 不胡亂的使用沾溼的布或濕紙巾

在用餐時不小心沾到了醬汁、果汁…等污漬時，往往不管三七二十一就拿起溼布或濕紙巾擦拭。其實這是錯誤的作法。一旦碰到了水，反而會使布的纖維擴張，吸收污漬，讓污漬更加難以清除。

Don't ２ 避免使用擦手巾或是含有化學成分的紙巾

尤其在外用餐沾到污漬，最好避免使用餐廳的擦手巾、或是含有化學成分的紙巾。因為擦手巾為了要消毒殺菌往往會添加氯化漂白劑，一旦用它擦拭，水分蒸發後反而殘留氯的成分，等於把污漬的部份給加以氯化漂白，變成了新的污漬。

污漬種類和去污方法

　　污漬的種類可概括區分為水溶性、油溶性和不溶性三大類，瞭解它們的特性進行去污動作，才能有效正確去污。

　　若無法辨視污垢斑漬是水性或油性時，可先在上面滴上一點水試試，如果水滲入污斑就是水性污垢，若滲透不進去則屬油性或不溶性污垢。

▶ 污漬的成分構造

　　去除污漬最重要的原則是選擇不傷害衣服質地的去污方法，污漬的種類很多，選擇適當的去污方式，同時注意去污時搓洗的力道、溫度等，讓污漬更容易脫落。污漬有時不一定只有一種，當污漬混在一起時，掌握以下順序處理，就能把污漬清潔溜溜。最後如果殘留顏色的話，可用漂白劑清除，但要記得漂白劑一定是最後才使用唷。

污漬處理順序

油溶性污漬→水溶性污漬→不溶性污漬→顏色

污漬的構造

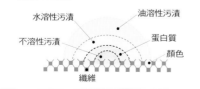

水溶性污漬

醬油、咖啡、紅茶、酒類等可用水清洗的污漬。

　　水溶性污漬是指能被水溶解的污漬，例如醬油、咖啡、紅茶、酒類、汗、牛乳、果汁、血液等，當衣物沾染到水溶性污垢時，最快速的處理方法是先用紙巾吸除污漬水分後，再以清水清除如果是污漬顏色較重或是放置時間較久，可使用廚房洗碗精去除污漬。

水溶性污漬去污法

1 T恤不小心沾到醬油污漬了。

2 用乾淨的布或紙巾將多餘的污漬吸起。

3 然後馬上用水沖洗。

4 如果仍無法去除醬油污漬，可使用洗碗精用手輕輕搓洗。

油溶性污漬

口紅、巧克力、奶油等能被油溶解的污漬。

油溶性污漬是指能用油溶解、難以水溶解清除的污漬，例如口紅、奶油、美乃滋、巧克力、義大利肉醬、烤肉醬、鞋油等，可用卸妝油、廚房洗碗精等清除污垢，去污能力強弱依序是卸妝油、洗碗精，可視情況使用。

不溶性污漬

口香糖、油漆、墨漬、污泥等難纏頑固的污漬。

不溶性污漬是指不能被水或油溶解的污漬。既不能用水沖洗掉也無法直接用廚房洗碗精或是卸妝油等方法清除，必須藉由化學洗劑才可以。例如口香糖、油漆、墨漬、泥污等，處理方法較繁複。

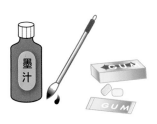

油溶性污漬去污法

1 襯衫不小心沾到口紅了。

2 棉花棒沾取卸妝油，將口紅顏色清除。

3 剩下小面積的污漬時再用少量洗碗精，以揉搓方式清除。

不溶性污漬去污法

1 褲子不小心沾到泥污。

2 將表面的泥土用手輕輕拍除。

3 污漬的地方沾水，塗上小蘇打搓揉。

4 再用廚房洗碗精搓洗清除。

去污準備工具——選對好工具，省時有效率

去除不小心沾到的污漬最重要的是發現污漬時能儘早處理，
因此去污工具在家中能隨時整理備用，更能迅速去污。

✚ 面紙或廚房紙巾

紙纖維可以吸附油性物質，尤其對液體狀的油污吸附力大，特別是廚房用紙巾因吸水性佳、厚度較厚實，去污時使用特別方便。

✚ 濕紙巾

有些濕紙巾的成分不僅是純水，部份濕紙巾會添加酒精、化學溶劑、乳液或是香精等成分。所以用來清潔污漬時，需先檢視包裝上的成分說明再開始使用。

1. 只是純水，可以直接用來拍拭清除水溶性污漬。
2. 含有酒精成分的濕紙巾，則可清除像紅酒漬這類需以酒精清除的污漬。
3. 含有其他化學成分或未標示成分的濕紙巾，則只能用來抓起塊團狀污垢使用，避免濕紙巾直接摩擦衣物，將其化學物質混入污漬中，造成污漬定型。

✚ 手帕、布或毛巾

用來當做清潔工具時要盡量選擇白色，可以避免接觸清潔劑後產生褪色與暈染的問題。

✚ 棉花棒

棉花棒是清除小面積或易擴散污漬最靈巧的工具，也可用來做衣物褪色測試。

◔ 鈍刀或湯匙

　　沾到肉醬、果醬、奶油等團狀的污垢、或不溶於水的污垢時，可以用鈍刀或湯匙先把凸出的污垢輕輕刮起，減少污漬持續滲入衣物布料中，降低清潔的難度。

◔ 環保科技海綿

　　海棉吸水性強且質感軟、彈性佳，不傷物體表面，是居家清潔必備的好幫手。購買海棉時，盡量選擇材質是植物纖維，使用後可回歸大自然，不會形成廢棄垃圾造成環境污染。

◔ 舊牙刷

　　當使用吸收物（如滑石粉或小蘇打粉等）清除污漬時，舊牙刷可以用來刷除吸附污漬的粉末或是用來協助將粉末刷入衣物纖維，增加去污效果。

◔ 化妝棉

　　脫脂棉較厚實且觸感柔細，但有時會有脫屑的現象，吸水力較弱。不織布材質較薄且觸感較粗，吸水力強。用做清潔污漬使用時，可以將三張化妝棉疊放，沾取清水或清潔劑後使用。

◔ 卸妝棉

　　市售的卸妝棉就是含有卸妝液的濕棉布，內含有界面活性劑及有機溶劑，是清潔彩妝等油溶性污漬最便捷的去污工具。

常見清潔用品——用對清潔品，健康更省力

樂活無毒的清潔法寶

清潔物品中有不少超神奇的小法寶既天然又環保安全，特別是廚房裡的小法寶，除了用來烘培、調味，還可以用在清潔去污上，使用上簡單、便宜又安全。

鹽巴

鹽巴的吸附力很強，具有殺菌效用。剛剛灑到衣服或地毯上的酒精、香水、咖啡、果汁、茶水等污漬時，立即將鹽灑上，利用鹽巴將水份吸走，可以有效減少污漬持續滲入衣物纖維中。新衣服用淡鹽水清洗一遍可防止褪色。

白醋

居家清潔上，白醋是萬用清潔劑，尤其在衣物去污與環境清潔都少不了它。它主要成分是醋酸以及有機酸，能溶解油污、殺菌、防霉還能去除異味，是一種天然溫和的去污劑。含有濃度5%的醋酸，可以當作漂白水使用，因此在使用前必須先對衣物進行褪色測試。

▶ 特殊材料購買處

甘油、硼砂、茶樹精油、滑石粉等特殊材料可於專業化工行購買。
1 第一化工行
http://www.firstnature.com.tw/
2 城乙化工行
http://www.meru.com.tw/

雞蛋

蛋清裡含有多種蛋白質和脂肪，可以滲透到皮革中將油污溶解。髒了的真皮沙發或皮包，用一塊乾淨的絨布沾些蛋清擦拭真皮表面，可去除污漬，能使皮面恢復光亮，兼具皮革保養效果。

牛奶

過期發酸的牛奶雖然不能食用，但卻是良好的衣物清潔法寶。因為發酸的牛奶中乳酸含量增加，將沾到果汁、原子筆漬、水性墨水的衣物，浸泡在牛奶中2~4小時，可以有效清除污垢。

016 ✿ **PART 1** 去污前準備工夫

玉米粉

玉米粉也是一種多用途的油污去污劑。當衣物沾到污漬時,只要將玉米粉灑在污漬處,用刷子輕刷使粉末深入布料纖維中,放置10~30分鐘後再把玉米粉刷掉即可,尤其用在不可水洗衣物的去污上特別方便。

牙膏

白色、非膠狀的牙膏是一種隨手可得的去污劑。主要成份包含牙粉、肥皂粉、甘油及含氟的一些化學物質,其中的甘油跟肥皂粉,具有良好的去除污垢效用,可以將衣物上的紅酒、墨水漬、汗漬或是茶垢加以溶解消除。

刮鬍膏

刮鬍膏也可拿來做衣物去污劑。先把衣物髒污處沾濕,噴上一點刮鬍膏,然後用牙刷輕刷,讓泡沫滲進衣物纖維溶解污垢,再用抹布將多餘的泡沫拭除,最後用沾冷水的海綿將污漬處擦拭乾淨即可。用量越少越好,使用太多刮鬍膏,產生大量泡沫,不容易沖洗乾淨。

肥皂

當肥皂溶於水時,長鏈狀碳氫部分具有親油基,另一端是親水基,利用它的親油基把皮膚、衣物、碗盤上的油垢乳化,再由親水基結合水分子,將乳化後的油垢帶離衣物。肥皂液混合小蘇打粉,對付特別油膩的抽油煙機有很好清潔效果!

檸檬汁

檸檬是一種天然且溫和的去污劑與漂白劑。在做過褪色測試後,將檸檬汁倒在衣物污漬處,用水將污漬洗淨,再任其自然風乾,如果能在太陽下曬乾,去污效果更好。非常適合用清除乾掉的紅酒及果汁污漬。

甘油

甘油（丙三醇）是一種透明、無臭有甜味的黏性液體，吸水性很強。廣泛應用於製造藥物、食品、飼料、牙膏、化妝品及潤滑劑等，是溫和無刺激性的清潔劑。清除黃芥末、咖哩、冰棒等油脂性的污漬時，可以將甘油塗滿污漬背面，靜置1小時後再洗淨即可；也可以將甘油、洗碗精、水以1：1：4的比例混合，用來清除飲料、墨水、香水等污漬。

茶樹精油

茶樹精油具有天然的抗菌力，殺菌效果是石碳酸的13倍，香味能舒緩不適，無刺激性、滲透力強，是一種氣味芳香的天然溶劑，也是一種安全無害的有機清潔品。茶樹精油可以對抗細菌、黴菌和病毒等三類型的微生物感染，所以可以在清洗衣服、襪子、碗盤的清潔劑中加入一點茶樹精油，加強殺菌效果。

滑石粉

滑石粉是一種會吸收油脂的礦物質，多用來製作爽身粉（痱子粉）、蜜粉、香粉，具有滑潤性、吸油、抑汗、除臭等效用。當手邊沒有玉米粉或是小蘇打粉時，可以先用滑石粉來吸除衣物上油脂類污垢，將滑石粉灑在污垢上，用牙刷輕輕的刷入布料纖維中，靜置10~30分鐘再刷掉粉末。

酒精

酒精是一般常見的去污劑，去污範圍相當廣泛。在購買工業用酒精時，要記得買無色的。用在指甲油、油性墨水、霉斑等難纏污漬，有相當顯著的去污效力。使用酒精去污時，最好戴上手套，先對衣物做褪色測試再著手去污，並且去污後一定要記得將衣物充份洗淨。

小蘇打粉

小蘇打粉的化學名稱為碳酸氫鈉$NaHCO_3$，呈弱鹼性。它可以自然地分解、無毒性、不會污染環境，而且不刺激皮膚。小蘇打粉不但價格低又方便取得，一般人大多用來作為製作糕餅的發粉。此外，小蘇打粉還可以去除異味、防潮除濕、去污清潔力也是一級棒，因為去污力強、價格低廉，可說是最便利的天然去污清潔劑。

常見清潔用品——用對清潔品，健康更省力

化學清潔劑

多數的化學清潔劑含有許多化學毒素、刺激性氣味或致癌物質，在使用前，必須先詳閱產品的成分與使用說明，並做好安全的防護措施如戴口罩、手套與注意通風等。

卸妝油

用來卸除彩妝的卸妝油也是很好用的去污法寶，像是化妝時不小心把口紅、粉底液弄髒衣服時，卸妝油就能派上用場。主要用來去除油溶性污漬，卸妝油容易暈染在衣物上，使用後最好再以洗碗精清洗乾淨。

去光水

去光水的主要成分是丙酮，所以具有很強的去污力，揮發性高需在通風處使用。適合用在清除蠟筆、印油、亮光漆等油溶性污漬，作法是先用乾布沾一些去光水，在污漬背面由外圍向內拍打，直到污漬徹底清乾淨，待衣物自然風乾後再放入洗衣機洗滌。

雙氧水

雙氧水是一種消毒劑，有消毒殺菌的效果。藥用的雙氧水屬低濃度，可以在藥房購買得到。此外，雙氧水又是一種漂白劑，雙氧水用來洗沾到血的衣物很好用。

漂白水

漂白劑常用在去除布料的泛黃或污垢的使用上，它同時具有消毒、殺菌、除臭的效果。市面上出售的漂白劑大致以『含氧漂白水』與『含氯漂白水』兩種為主。含氧漂白水的漂白力較溫和，可用於花色衣料。含氯漂白水專用於全白衣物。

◎ 含氯漂白水

洗衣劑

分為洗衣粉與洗衣精兩種。

1 洗衣粉

價格較洗衣精便宜，因是粉粒狀，在洗衣前要充分溶解以後才能開始洗滌，用量也較多。市面上有許多洗衣粉（精）都強調添加酵素，除了具有迅速的清潔效力，更因酵素取代原有的有毒物質，不僅能保護衣物纖維與個人健康，更為環保。

2 洗衣精

因是液態，容易溶解在水中，較不會有殘留的問題，而且本身有香味，有些產品甚至有抗菌、防霉的功能，用量較少，價格較貴。

去漬油

去漬油是高度揮發性的溶劑。用來清除紡織品油漬、清洗機件、皮革脫脂、黏著劑及油墨、油漆之稀釋劑，特別是用來清除難纏的機油污漬。（可於一般雜貨店或專業化工行購買）

松香水香蕉水

松香水與香蕉水的主要的成分都是甲苯，具有強烈揮發性的溶劑，可用來稀釋油漆與清除油溶性的污漬。使用時，務必注意基本的安全防護措施。（可於一般雜貨店或專業化工行購買）

洗碗精

洗碗精是專門用來清潔鍋碗瓢盆上的油污，所以面對衣物上的油污與蛋白質類污垢，同樣具有很好的去污效力。直接在污漬正反面滴上幾滴洗衣精，以搓揉方式使洗碗精滲入纖維，溶解污垢。沖洗時，如果是油脂性污漬，以衣物可接受的最高水溫沖洗，蛋白質類則是用冷水清洗。

PART 2

衣物去污法

　　衣物從居家生活到外出活動，用餐到工作時時如影隨形，因此遇上各種形形色色的異物與污垢的機會非常高。正因衣物與肌膚擁有最親密的接觸，我們更需要細心的照顧呵護它！正確的洗衣去污方式，不只可以延長衣服的壽命，更是維護身體與肌膚健康的重要基本法則。

醬料去污法

各式調味醬料中大多帶有油漬與色素，面對這樣的污漬，如果沒能及時處理，時間一久往往就會不易清除，而留下永久的痕跡了。當衣料沾到醬料時，別忘了衣物急救的五要訣－「吸、抓、刮、沖、拍」，正確迅速的急救處理才能有效降低永久性污痕的產生。

醬油污漬

午餐時間到囉！吃飯的時候常常因為吃得太過於忘懷，一不小心把醬料灑在身上的衣服，尤其最常使用的醬料莫過於又黑又香的醬油，如果沾在衣服上的話⋯⋯那該怎麼辦呢？

Point

✤ 衣物上新鮮醬油漬應先用冷水搓洗處理後，再用洗滌劑洗。
✤ 注意勿使用肥皂清潔，以免讓污漬定形。

idea 1　去污小法寶　白糖

How to clean

1. 把沾上污漬部位先用冷水浸濕。
2. 再撒上一勺白糖，從污漬背面用手輕輕揉搓。
3. 最後使用清水洗淨即可。

idea 2　去污小法寶　滑石粉或痱子粉與洗碗精

How to clean

1. 碰到很難纏的情形可先在污垢處撒上滑石粉或痱子粉，待其將污垢吸附後，再用刷子刷去並用溼布擦拭。
2. 接著將衣服拿到水龍頭下，用最大量冷水進行沖洗。
3. 最後在污漬兩面塗抹洗碗精後，將衣服浸泡在溫水中30分鐘，再從污漬背面輕柔搓洗。

idea 3　去污小法寶　洗碗精

How to clean

1. 立即拿沾溼的布巾拍打污漬部位。
2. 若時間較久的污漬須以沾有洗碗精的白布拍打污漬處。
3. 清水沖淨後按一般程序洗滌。

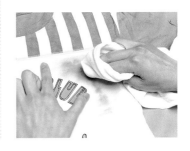

咖哩污漬

當衣物沾上黃色濃稠的咖哩，相信一定懊悔自己太不小心了吧！面對清除色素類的醬料污漬，除了儘速處理，還需要耐心與細心，避免錯誤的清潔法留下永久的痕跡。

Point
❖ 在沾到咖哩時，先使用手帕或紙巾將咖哩醬末輕輕捏起，切勿用力擦拭，避免污漬滲入衣物纖維而增加洗滌難度。
❖ 咖哩的色素污漬可使用含氧漂白水去除。

idea 1 去污小法寶 鹽巴

How to clean

1. 衣物上的醬料以湯匙刮除。
2. 將污漬處浸濕，接著灑上一些鹽巴耐心搓洗一會兒。
3. 最後再使用洗衣劑按一般洗滌程序洗淨。

idea 2 去污小法寶 甘油

How to clean

1. 刮除咖哩醬料後，先用清水把衣物上咖哩污漬潤濕。
2. 然後放入 50°C的溫甘油中刷洗。（注意衣物所能接受的最高溫度）
3. 最後用清水洗淨。

idea 3 去污小法寶 米飯與洗衣精

How to clean

1. 將米飯塗抹在污垢處，使米粒均勻的黏附在有污漬的地方，多餘的米粒則捏起來。
2. 在污漬正反面加入洗衣精搓洗直至污垢去除。

烤肉醬污漬

增加食材風味的烤肉醬，是戶外郊遊烤肉時必備的良伴，然而一旦沾上衣物，肯定不再如此受歡迎了！如何讓烤肉醬是良伴而非衣物上的損友呢？

Point

✤ 當衣物沾到肉醬或滷汁時，一定要儘快做基本急救動作「去污急救5要訣」。

✤ 污漬上如果有肉屑，記得用湯匙之類的東西先把肉屑清除起來，以免細碎的肉末也跟著油脂滲進衣服纖維，使衣服變得更難清洗。

---

 idea 1　去污小法寶　**卸妝棉**

How to clean

1　在污漬下方墊張面紙，避免污漬直接轉印到背面。

2　用卸妝棉直接擦拭污漬處，利用卸妝棉的界面活性劑，快速有效的去除污漬。

3　用清水沖洗後，再按一般洗滌程序清洗衣物。

---

 idea 2　去污小法寶　**洗碗精**

How to clean

1　先用湯匙將多餘的烤肉醬刮除乾淨。

2　直接在污漬處滴上洗碗精。

3　用手輕輕地搓揉污漬處，讓洗碗精充份溶解污漬。

4　最後再用清水沖淨。

 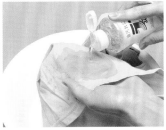 

義大利肉醬污漬

義大利麵搭配番茄肉醬可說是口味絕佳的組合，征服了不少人的胃。當衣物沾到義大利肉醬污漬時，我們該如何立即戰勝污漬、快速去污呢？

Point

當衣物沾到義大利肉醬時，必須儘快做基本清潔。污漬上如果有肉屑，記得先把肉屑清除起來，以免細碎的肉末也跟著油脂滲進衣服纖維，使衣服變得更難洗。

idea 1　去污小法寶　洗碗精

How to clean

1. 先用湯匙將多餘的肉醬刮除乾淨。
2. 將衣物污漬處浸濕。
3. 直接在污漬處滴上洗碗精。
4. 將衣物輕輕地搓揉，使洗碗精充份溶解污漬。
5. 待用清水沖淨後，再以一般程序洗滌。

idea 2　去污小法寶　小蘇打粉

How to clean

1. 用湯匙將多餘的肉醬刮除。
2. 將衣物污漬處浸濕。
3. 在污漬處正反兩面灑上小蘇打粉塗抹均勻。
4. 靜置10分鐘，最後再用清水洗淨。

果醬污漬

超綿密的美味土司塗上香甜可口的果醬,是清晨醒來第一份幸福味道!在美好一天的開始,如果一不小心讓果醬沾上衣物,如何保持愉快心情,輕鬆愜意地清除這不美好的意外呢?

Point

當衣物沾到果醬時,先使用手帕或紙巾或湯匙將果醬輕輕捏起,注意避免用力擦拭,以免污漬滲入衣物纖維造成洗滌困

---

idea 1 去污小法寶 甘油與洗碗精

How to clean

1 如果果醬已經乾掉時,用棉花棒沾取一些甘油,塗抹在污漬背面上,靜置30分鐘左右。

2 接著在污漬背面塗抹上洗碗精,輕輕用手揉洗。

3 最後用水清洗沾有洗碗精的地方後,再將衣物按照一般程序洗滌。

idea 2 去污小法寶 小蘇打粉

How to clean

1 用湯匙將多餘的果醬輕輕刮起。再將衣物污漬處浸濕。

2 在污漬處正反兩面灑上小蘇打粉塗抹均勻。

3 約靜置10分鐘之後,再用清水洗淨。

沙茶醬污漬

沙茶醬不僅是「吃火鍋」的好醬料之外，還是許多料理中都會用到的調味醬料，從羹湯烹煮到空心菜拌炒，是許多家庭主婦的料理佐味好幫手。而當衣物沾到沙茶醬時，如何維持讓美味加分，衣物不加料呢？

Point

去污洗滌前，先使用手帕、紙巾或湯匙將沙茶醬末輕輕捏起，切勿用力擦拭，避免污漬滲入衣物纖維而增加洗滌難度。

idea 1 去污小法寶、洗碗精

How to clean

1. 先用湯匙將多餘的沙茶醬輕輕刮起。
2. 直接在污漬處滴上洗碗精。
3. 用雙手在污漬處輕柔地搓洗，使洗碗精充份溶解污漬。
4. 最後再用清水沖淨。

idea 2 去污小法寶、小蘇打粉

How to clean

1. 先用湯匙將多餘的沙茶醬輕輕刮起。
2. 將沾到污漬的部分浸濕。
3. 在污漬處正反兩面灑上小蘇打粉塗抹均勻。
4. 靜置10分鐘之後，再用清水洗淨。

甜辣醬污漬

蚵仔煎、煎餃、蛋餅、粽子、關東煮……，許多美味食物都少不了加上這份甜中帶點微辣的特別好滋味！無論是自製或是現成的甜辣醬，當沾到衣服時，都要趁新鮮儘快清除。

Point

去污洗滌前，先使用手帕或紙巾將甜辣醬末輕輕捏起，切勿用力擦拭，避免污漬滲入衣物纖維而增加洗滌難度。

---

idea 1 去污小法寶 **小蘇打粉**

How to clean

1 先用湯匙將多餘的甜辣醬輕輕刮起。
2 先將衣物污漬處浸濕。
3 在污漬處正反兩面灑上小蘇打粉塗抹均勻。
4 靜置10分鐘後，最後再用清水洗淨。

---

idea 2 去污小法寶 **甘油**

How to clean

1 先用湯匙將多餘的甜辣醬輕輕刮起。
2 先將衣物污漬處浸濕。
3 在污漬處正反面塗上甘油，靜置1小時後再用水洗淨。
4 必要時可重複上述的步驟。

花生醬污漬

綿密順口的花生醬，香味四溢且口感絕佳，而當這綿密柔順的醬料不小心留在衣服上時，該如何讓這污漬從衣物上消失呢？

Point

✤ 去污洗滌前，先用紙巾或湯匙將花生醬抹輕輕捏起，不可用力擦拭，以免污漬滲入衣物纖維而增加洗滌難度。

✤ 注意肥皂是清除花生醬的大敵，不要使用肥皂清洗，避免使污漬定形。

 idea 1 去污小法寶 **洗碗精**

How to clean

1. 先用湯匙將多餘的花生醬輕輕刮起。
2. 直接在污漬處滴洗碗精，輕柔搓洗使其充份溶解污漬。
3. 最後再用清水沖淨。

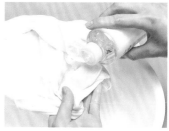

 idea 2 去污小法寶 **甘油**

How to clean

1. 先用湯匙將多餘的花生醬輕輕刮起。
2. 再用清水把衣物污漬處潤濕。
3. 然後以牙刷沾取50°C的溫甘油，從污漬背面輕輕地刷洗。
4. 最後再用清水洗淨。

 idea 3 去污小法寶 **雙氧水溶液**

How to clean

1. 如果是陳舊、頑固的花生醬污漬，將清水和雙氧水以6：1的比例混合。
2. 做過褪色測試後，再將衣物浸泡在雙氧水溶液裡，靜置15分鐘。
3. 用清水洗淨後，再按照一般程序洗滌。

美乃滋污漬

香甜濃醇的美乃滋搭配沙拉或土司是很對味的輕食組合！但如果甜甜美乃滋沾上衣物，留下淡黃色的油膩污漬，該如何去除這惱人的污痕呢？

Point

沾到奶油、美乃滋等整團的污垢時，基本清潔第一動作：記得先用紙巾將表面的污垢抓除。

idea 1　去污小法寶　酵素洗衣精

How to clean

1. 立刻以紙巾或布捏起美乃滋油漬，盡可能的擦去污漬。
2. 不要將衣物弄濕，先將含有酵素的洗衣精塗抹在污漬正反兩面。
3. 再按一般洗衣程序清洗。

idea 2　去污小法寶　小蘇打粉

How to clean

1. 在污漬背面灑上小蘇打粉，用牙刷輕刷污漬處，使粉末深入衣物纖維中。
2. 靜置30分鐘後，用乾布將粉末擦乾淨。
3. 再用清水由污漬背面沖洗，並輕輕搓揉直至污漬完全洗淨為止。

奶油污漬

當衣物若是沾染上奶油，也要立即展開清潔行動，因為融化後的奶油很容易直接滲透進布料纖維中，留下難纏的污漬。

Point

✤ 衣物上一旦沾到這種濃稠、淡黃色油脂污漬一定要立即清理，因為它乾後會發出惡臭。

✤ 在污漬未完全清除前，不要使用熱水洗滌、烘乾或熨燙，否則會讓奶油污漬滲入並凝固在衣物纖維中，變得更難清理。

idea 1 去污小法寶 酵素洗衣精

How to clean

1. 如果奶油成塊，立刻先以衛生紙或紙巾將奶油污漬輕輕捏起。
2. 如果奶油已經融化，先用湯匙或鈍刀盡可能輕輕刮除衣物上的奶油。
3. 不要將衣物弄濕，將酵素洗衣精塗抹在污漬兩面讓衣物吸收。
4. 最後以一般洗衣方式清洗。

idea 2 去污小法寶 蘇打水

How to clean

1. 先在污漬背面沾上一些蘇打水。
2. 再用清水沖洗污漬背面，並輕輕搓揉直至污漬洗淨為止。

▶ 如何自製蘇打水

可以準備一瓶蘇打水，置放在方便拿到的地方，一旦遇到食物沾到衣服時，可以隨手立即處理污漬。

材 料

蘇打粉 2 匙、水 500c.c.、噴瓶、量杯

作 法

1. 將2匙蘇打粉（約60g）加入 500c.c. 的水中。
2. 將蘇打粉與水均勻混合後，裝入噴瓶中即成蘇打水。
3. 也可以用來清潔水龍頭和爐台等。

---

 idea 3 去污小法寶 **洗碗精**

How to clean

1. 在污漬的正反兩面都抹上一點洗碗精。
2. 靜置 5 分鐘後，把衣服浸泡在一桶加了半杯洗衣精的水裡，並浸泡 30 分鐘。
3. 用清水洗淨衣物後，即可放進洗衣機裡洗滌。

---

 idea 4 去污小法寶 **酵素洗衣精**

How to clean

1. 如果是陳舊頑固的污漬，先將酵素洗衣精塗抹在污漬正反兩面。
2. 等衣物吸收後，再泡在冷水中 4 小時。
3. 從污漬的背面輕揉污漬處幾次直至洗淨。

巧克力污漬

濃郁香醇的巧克力，那滑膩柔軟的質地，美味得令人無法抵擋！
巧克力不僅只是美味代表，更是代表著情人間的浪漫美味關係，
但一旦衣物沾到巧克力，如何讓浪漫美味不NG呢？

Point

在巧克力污漬未完全清除前，千萬不要使
用熱水洗滌、烘乾或熨燙衣物，否則將使
污漬滲入並凝固在衣物纖維中，變得難以
清洗。

idea 1　去污小法寶　洗衣粉加水調製成糊

How to clean

1. 先將冰塊蓋在污漬上，將巧克力凍硬（或是將衣物放入冷凍庫
   冰凍 1 小時），再將硬化的巧克力以湯匙或鈍刀刮除。
2. 用水沖洗污漬背面，沖洗時間至少 5 分鐘。
3. 將洗衣粉與水調製成糊，塗抹在污漬的正反兩面，再放入洗衣
   機用溫水洗滌。

idea 2　去污小法寶　蘇打水

How to clean

1. 在污漬下方墊紙巾。在污漬背面用布沾蘇打水輕拍，由外圍向
   內輕拍處理，讓污漬轉印到衣物上方的布上。
2. 最後再以清水將衣物洗淨。

飲料去污法

天氣炎熱時來上一杯果汁或是茶類飲料真是清涼又暢快，但有時一不小心突然果汁噴濺到衣服上可是會讓心情大打折扣，別擔心果汁、飲料、咖啡都是水溶性的污漬，要清除這類污漬並不難，以下介紹各種可能碰到的污漬情況。

咖啡污漬

清爽的晨起、悠閒的午后、疲憊的工作中，隨時隨地來上一杯香氣迷人的咖啡再幸福不過了！但一不小心衣服沾上咖啡，可一點都不迷人了！如何把惱人的咖啡污漬徹底清除乾淨呢？

Point

✿ 衣服沾到咖啡時要儘快處理，不能使用肥皂清洗，避免使污漬更深入衣物纖維中。

✿ 白襯衫的咖啡漬，可以立即使用蘇打水擦拭，一會兒就會消失無蹤了。

idea 1 去污小法寶 檸檬・白醋

How to clean

1 沾到咖啡時，先以紙巾吸除咖啡污漬。

2 可立即使用檸檬或白醋先做搓洗處理，然後以清水輕拭。

3 再以中性洗劑清洗，咖啡污漬即可去除。

idea 2 去污小法寶 甘油和蛋黃混合溶液

How to clean

1 如果是清除較陳舊頑固的咖啡污漬，將甘油和蛋黃以1：1的比例製成混合溶液。

2 在衣物下方墊吸水性佳的紙巾，以免污漬沾染到衣物另一面。

3 將混合溶液均勻塗抹於污漬上，約靜置 15 分鐘後再以清水洗淨。

牛奶污漬

當牛奶液沾上衣物，沒能立即處理，一旦乾掉奶香反而會變成讓人難以忍受的惡臭味，如何避免惡魔般的臭味出現呢？一起來學學牛奶污漬洗淨法吧！

> **Point**
>
> 千萬不能使用熱水來清除牛奶在衣物上所留下來的污漬！因為牛乳的主成份為蛋白質，而蛋白質遇熱會凝固，反而會使附著於衣物的牛乳污漬難以脫落，衣服上的牛奶污漬必須用冷水來清洗。

 idea 1 去污小法寶 **酵素洗衣精**

How to clean

1 對付陳年或是頑固的牛奶污漬時，先在污漬兩面都塗抹一些酵素洗衣精。
2 將衣物浸泡在冷水裡約 4 小時。
3 再從污漬的背面輕輕地揉洗，直至污漬完全消失後再用清水洗淨。

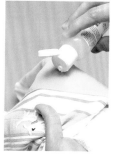

 idea 2 去污小法寶 **冷水**

How to clean

1 先在污漬下方墊吸水性佳的紙巾，並將污漬用紙巾吸除。
2 衣物一旦沾到牛奶時，必須立即將衣物浸泡在冷水中。
3 從污漬背面輕柔地搓洗，直至污漬完全洗淨為止。
4 若衣物不能水洗，可使用棉花沾些中性洗劑來清潔。

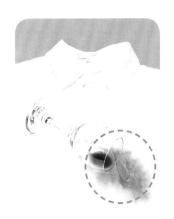

紅酒污漬

品味紅酒時，總不自覺輕輕搖晃透明的玻璃杯，欣賞著它美麗紅豔色澤，而一不留神不小心噴濺到衣物上時，我們該如何讓衣物美麗不留痕呢？

Point

✤ 衣物一旦沾到紅酒污漬，要儘快處理，而且注意不可以使用任何肥皂清洗，避免污漬深入纖維中，使污漬定型難以清除。

✤ 剛沾到時立刻拿出紙布或白巾，按壓吸除衣物上的紅酒水分，減少污染範圍擴大。

idea 1 去污小法寶 食鹽

How to clean

1 先在污漬下方墊吸水性佳的紙巾。
2 對付衣物上剛沾上的新鮮紅酒污漬，先將食鹽撒在污漬上面，或是用手帕沾取高濃度鹽水拍拭。
3 然後用清水清洗，最後再用洗衣精洗滌即可。

idea 2 去污小法寶 白酒或蘇打水

How to clean

1 把衣物攤平，在衣物下方墊吸水性佳的紙巾。
2 以沾有白酒或蘇打水的白布拍拭污漬處，或取白酒或蘇打水倒在污漬反面上。
3 用冷水清洗，並從污漬背面輕輕搓揉直至污漬去除。重複上述步驟，直至污漬去除。

idea 3 去污小法寶 蛋黃 1 顆 · 甘油 50 克

How to clean

1 取出1顆蛋黃與50克甘油均勻攪拌製成混合液。
2 在衣物下方墊吸水性佳的紙巾，把混合液塗抹在污漬處，靜置15分鐘。
3 最後再用洗衣精按正常程序洗淨。

紅茶污漬

紅茶是生活中常見的茶飲之一，它有著簡單的甘醇口感；在沾到衣物時，去污也是簡單不麻煩。

Point

✿ 清除衣服上的茶漬很簡單，注意不要使用肥皂清洗，避免使污漬更加頑固定型。

✿ 剛沾到液態污漬時，要立刻拿出紙布或白巾吸除衣物上的水份，可以避免污染範圍擴大。

 去污小法寶 檸檬切片

How to clean

1 沾到紅茶時，先以紙巾吸除紅茶污漬。

2 將檸檬切片直接擦拭在衣物上的紅茶污漬處，並輕輕的搓洗。

（運用紅茶遇上檸檬茶色就變淡的原理來清除衣物上的紅茶污漬。）

3 待茶垢淡化之後，以清水洗淨之後再按一般程序洗滌。

 去污小法寶 小蘇打粉

How to clean

1 先在污漬下方墊吸水性佳的紙巾。

2 小蘇打粉加入微量的水，調製成小蘇打糊。

3 將小蘇打糊塗抹在茶漬處，靜置 15 分鐘後，再以清水洗淨。

4 重覆上述步驟，直至污漬不見蹤跡。

奶茶污漬

當牛奶遇上紅茶是多麼讓人讚嘆的組合，奶茶喝起來齒頰留香，但一旦錯沾到衣物上可就不美妙了，該如何解決馬上來看看。

Point

注意不要使用任何的肥皂清洗，以免讓污漬定型而難以清理。

idea 1 去污小法寶 小蘇打粉

How to clean

1. 先在污漬下方墊紙巾，用紙巾吸除奶茶污漬。
2. 小蘇打粉加入微量的水，調製成小蘇打糊。
3. 將小蘇打糊塗抹在茶漬處，靜置 15 分鐘後，再以清水洗淨。
4. 重覆上述步驟，直至污漬不見蹤跡。

idea 2 去污小法寶 白醋

How to clean

1. 先用廚房紙巾或白巾吸除衣物上的奶茶。
2. 做過衣物褪色測試後，將白醋滴上幾滴在污漬背面處，然後再用清水清洗。
3. 必要時可重複上述的步驟，待污漬清除後，再依照一般程序進行洗滌。

小撇步

▶ 白醋的家事妙用

★ 將白醋與水以1:1比例混合均勻裝入噴瓶裡，先噴在玻璃、鏡子或瓷磚上，再用舊抹布擦拭，即可變得非常明亮。

★ 把一湯匙白醋加入半臉盆水中調勻，把抹布浸入潤濕，擰乾後擦拭玻璃燈具，不起靜電，也不容易沾灰。

★ 用海綿沾些許白醋清洗不鏽鋼檯面，可恢復原來的光澤。

啤酒污漬

炎熱的酷夏，來上一杯清涼的啤酒是最暢快淋漓的享受，豪飲間免不了滴濺到衣物上，該如何去除具有強烈氣味的啤酒漬呢？

Point

不能使用任何肥皂清洗，以免啤酒污漬滲入衣物纖維中。

idea 1　去污小法寶　牙膏或刮鬍膏

How to clean

1. 在污漬上塗抹一點牙膏或刮鬍膏。
2. 拿牙刷輕輕地將牙膏或刮鬍膏的泡沫刷進衣料纖維裡。
3. 再用乾淨的布或紙巾擦掉多餘的泡沫。
4. 最後用清水洗淨。

idea 2　去污小法寶　洗碗精

How to clean

1. 拿擰過水的布巾來拍打污漬部位。
2. 或是用沾有洗碗精的毛巾拍打效果更佳。
3. 再用清水清洗乾淨。
4. 待污漬去除後，按照正常洗滌程序洗淨。

果汁污漬

新鮮的果汁,喝進肚裡美味又健康,但滴到衣服留在衣物上的顏色鮮明不甚雅觀,如何去污讓衣物潔淨不受傷呢?

Point

衣物一旦沾到果汁,要立即拿出紙巾以按壓方式將果汁水漬輕輕吸除,千萬不能使用肥皂清洗,避免污漬深入纖維中。

柳橙汁去污法

idea 1 去污小法寶 檸檬切片

How to clean

1. 如果一般的洗衣法無法去除污漬時,可以取一片新鮮檸檬切片。
2. 檸檬切片直接擦拭污漬處。
3. 最後再清水洗淨。

idea 2 去污小法寶 小蘇打粉

How to clean

1. 先用廚房紙巾或白巾吸除衣物上的柳橙汁。
2. 在衣物污漬處,立即使用布巾沾些蘇打水擦拭。
3. 如果污漬仍無法去除時,先將污漬處浸濕,在污漬正反兩面塗上小蘇打粉,靜置10分鐘。
4. 最後再用清水洗淨。

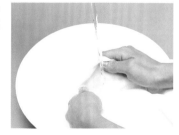

idea3 去污小法寶 **蛋黃1顆‧甘油50克**

How to clean

1. 如果是清除較陳舊、頑固的果汁污漬，取出一顆蛋黃與50克甘油均勻攪拌製成混合液。
2. 先在衣物下方墊紙巾，將混合液均勻塗抹於污漬上。
3. 約靜置15分鐘後再以清水洗淨。

蔓越莓汁去污法

 idea1 去污小法寶 **小蘇打粉**

How to clean

1. 先用廚房紙巾或白巾吸除衣物上的蔓越梅汁。
2. 自製牛奶醋：在1杯牛奶裡加入1小匙白醋。
3. 在衣物做過褪色測試後，將污漬處浸泡在調好的牛奶醋中一晚。
4. 再用清水將衣物沖洗乾淨。

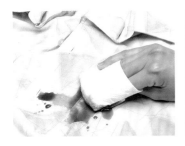  

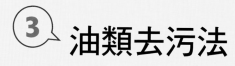

3 油類去污法

在廚房大顯身手端出一桌香噴噴的料理後，這才發現不小心油漬噴濺到衣服上了，這樣的場景應該常常發生於日常生活中，先別慌張，這類多屬於油溶性污漬，以生活中容易取得的小蘇打粉和洗碗精就能輕鬆去除了。

橄欖油污漬

當在煎煮炒炸忙碌料理時，鍋中橄欖油一不閃神就噴濺而出，難免會沾染到衣物。

Point

油脂性污漬會快速滲進衣物布料中，要儘快用紙巾或具吸水性的粉末物，吸除衣物上殘留的油脂。

 idea 1 去污小法寶、小蘇打粉・玉米粉・滑石粉

How to clean

1 在污漬上灑小蘇打粉或玉米粉、滑石粉，用白巾將粉末輕輕擦拭，抹進衣物纖維裡。

2 靜置 30 分鐘，等粉末吸出油漬後，再用乾布或牙刷把粉末擦去。

3 可水洗或不可水洗的衣物，皆適用此種去污法。

 idea 2 去污小法寶、洗碗精

How to clean

1 先將污漬面朝下攤平置放，並在衣物下方鋪放吸水性佳的白布或紙巾。

2 拿紙巾沾洗碗精，在污漬背面由外圍向中心輕拍，讓污漬轉印到下方的白布或紙巾上。

3 當污漬轉印衣物下方的白布或紙巾時，將污漬移到白布乾淨的地方再繼續拍污漬。

4 持續拍打污漬，直至污漬全部清除為止。

5 最後將沾有洗碗精的地方用水洗淨，再按一般程序洗滌乾淨。

麻油污漬

麻油香濃不膩，具有獨特的風味，富含營養，近年來成為進補燉炒的聖品，尤其是女性產後做月子的補養料理！而當我們衣物不小心沾到這濃稠深棕色液體時，該如何有效的清除？

Point

面對麻油污漬，要儘快用紙巾或具吸水性的白巾，吸除衣物上殘留的油脂。

idea 1 去污小法寶 小蘇打粉

How to clean

1. 在衣物下方墊紙巾，污漬上灑滿小蘇打粉。
2. 將粉末輕輕擦拭，抹進衣物纖維裡。
3. 靜置 30 分鐘，等粉末吸出油漬後，再用乾布或牙刷把粉末擦去。
4. 無論可水洗或不可水洗的衣物，皆適用此種去污法。

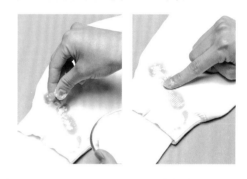

idea 2 去污小法寶 洗碗精

How to clean

1. 先將污漬面朝下攤平置放，並在衣物下方鋪放吸水性佳的白布或紙巾。
2. 拿紙巾沾洗碗精，在污漬背面由外圍向中心輕拍，讓污漬轉印到下方的白布或紙巾上。
3. 當污漬轉印衣物下方的白布或紙巾時，將污漬移到白布乾淨的地方再繼續拍污漬。
4. 持續拍打污漬，直至污漬清除為止。將沾有洗碗精的地方用水洗淨，再按一般程序洗滌乾淨。

鞋油污漬

鞋油擦在鞋上具有保護作用和清潔效果，但萬一不小心沾到衣物，就不美觀了，必須儘快去除。

Point

當沾到鞋油這種油性膏狀污漬時，要盡可能刮除衣物上的污漬。刮除時，要由污漬外圍向中心處理，以免油漬擴散。

idea 1 去污小法寶 洗碗精

How to clean

1. 先以湯匙將鞋油污漬輕輕刮除。
2. 先將污漬面朝下攤平置放，並在衣物下方鋪放吸水性佳的白布或紙巾。
3. 在污漬背面滴上數滴洗碗精。
4. 在污漬背面由外圍向中心輕拍，讓污漬轉印到下方的白布或紙巾上。當污漬轉印衣物下方的白布或紙巾時，將污漬移到白布乾淨的地方再繼續拍污漬。
5. 用手輕輕地搓揉，以布料所能接受的最高水溫洗淨。

小撇步

▶ 松香水
也可用來去除鞋油污漬

遇上頑強的鞋油污漬，拿棉花棒沾適量松香水，戴上手套，污漬下方墊上紙巾，將污漬轉印清除後，讓衣物自然風乾後，再按照一般程序洗滌。

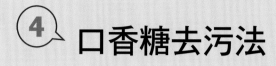

④ 口香糖去污法

口香糖最容易不小心沾黏到褲子背面屁股的地方，這時懊惱
已經來不及，如何處理才是上上策。口香糖是屬於黏著性的
污漬，以冰塊或冰鎮的方式能幫助口香糖脫落，再運用生活
中容易取得的清潔劑就能去除囉！

口香糖污漬

口香糖是最特別的污漬，其他污漬就怕一旦乾了難清理，而它是乾硬了反而好清除。

Point

先不要搓揉擠壓，盡量避免衣物上的沾粘範圍擴大，增加污染面積。

idea 1　去污小法寶　冰塊 · 卸妝油

How to clean

1 準備一包冰塊裝於塑膠袋內。
2 把冰塊放在衣物沾到黏膠處，目的在使黏膠硬化。
3 待口香糖硬化後，再用湯匙小心將口香糖輕輕剝除。
4 用手輕輕將口香糖拉起，如果不容易拉起，用冰塊冷卻一下。
5 若還有殘留口香糖，可沾取卸妝油清除。
6 用洗碗精清除卸妝油殘留的部份，再依一般洗滌方式清洗。

idea 2　去污小法寶　冷凍庫冷藏

How to clean

1 將沾到口香糖的衣物放到冷凍庫冷藏約 1 小時。
2 取出衣物，將已硬化的口香糖弄碎並剝除。
3 最後再用溫洗滌劑溶液洗淨。

idea 3 去污小法寶 生雞蛋清

How to clean

1. 準備一顆生雞蛋，取用蛋清的部份。
2. 使用生雞蛋蛋清在衣物的表面殘留的膠漬處輕拭擦除。
3. 然後放入洗衣劑溶液中洗滌，最後用清水洗淨。

idea 4 去污小法寶 白醋

How to clean

1. 如果是極少量的口香糖殘膠，可以用棉花棒沾上白醋。
2. 直接擦拭在口香糖殘垢上。
3. 待清除乾淨後，按一般程序洗滌即可。

 **化妝品去污法**

當穿脫衣服之際,往往一個不留神就將臉上的彩妝或粉底沾到衣物上,由於臉部使用的保養面霜或是彩妝品多是屬於油溶性物質,更有各種五花八門的顏色,但只要用對方法其實去污很容易。

口紅污漬

將唇彩塗抹在唇上，女人們輕鬆的為自己妝點美麗好氣色，一旦不小心轉印或沾染在衣物上，恐怕就很難讓人持續保有好臉色了，讓我們一起輕鬆的除去這惱人的污漬吧！

Point

衣物沾上口紅時切忌摩擦，請避免以紙巾或手帕直接用力擦拭、磨擦污漬處，以防止污漬滲入織物纖維中，造成難以去除的遺憾。

 去污小法寶 **牛奶·蘇打水·麵包或饅頭**

How to clean

1. 如果是剛印上的新鮮口紅印，拿出手帕沾一些牛奶或是蘇打水輕拍有印漬的地方，立即讓礙眼的口紅污漬馬上遠離。
2. 若手邊有麵包或饅頭，也可以快快用去了皮的麵包或饅頭擦拭，立即除去剛沾上的口紅污漬。

 去污小法寶 **洗碗精或白色牙膏**

How to clean

1. 將洗碗精或白色牙膏塗抹在口紅污漬處，並用手輕輕搓揉。
2. 待口紅漬溶解後，再以溫水清洗乾淨。

 去污小法寶 **酒精**

How to clean

1. 使用棉花棒沾少許酒精輕輕擦拭衣物上的污漬處，或是用牙刷輕刷拭污漬的背面，嚴重者則可將污漬浸入酒精內浸泡，用手輕輕揉洗。
2. 待口紅油漬溶解去淨後，再用溫洗滌劑溶液洗淨。

粉底液污漬

一般販售的粉底液都帶有膚色，能有效增加臉部好氣色，如果不小心沾上衣服，可以試試下列去污法，迅速找回衣物的乾淨。

Point

在穿脫間，衣服領口最容易染上粉底液，通常先換好衣服再上妝就能避免嚴重沾染。

 idea 1 去污小法寶 **卸妝棉或卸妝油**

How to clean

1 先用手輕拍去除粉底液的粉末。
2 用卸妝棉或化妝棉沾取適量的卸妝油。
3 在污漬背面由外圍向內輕拍。
4 待污漬去除後，再用衣物所能接受最高水溫加入洗衣劑洗滌。

 idea 2 去污小法寶 **洗碗精**

How to clean

1 將洗碗精或酒精滴上幾滴在污漬處，用手輕輕搓揉。
2 用溫水將衣物污漬處洗淨後，再按照一般洗衣程序洗滌。

指甲油污漬

購買與使用時，常對指甲油的快乾度有要求，但一旦沾在衣物上，去污時，快乾程度就不見得讓人那麼喜愛了！

Point

✤ 當衣物沾到指甲油時，最好立即先用紙巾盡可能吸除上面的指甲油。

✤ 在處理指甲油污漬時，要從污漬背面著手清潔。

---

idea 1　去污小法寶　刮鬍膏

How to clean

1 在污漬上擠一些刮鬍膏。

2 用牙刷將泡沫輕輕的刷進布料纖維中。

3 拿乾淨的白巾擦掉污漬上的泡沫。再用沾有冷水的海棉將污漬處擦乾淨。

 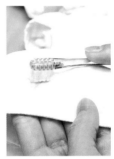 

---

idea 2　去污小法寶　去光水

How to clean

1 在衣物污漬袖口裡鋪放紙巾或白布。

2 用棉花棒沾些去光水，輕輕吸取指甲油顏色。

3 若是沾染面積較大，翻開袖口背面，用化妝棉沾去光水輕拍污漬。

4 當污漬轉印在衣物下層的紙巾或白布上時，就移動紙巾或白布位置，讓污漬不斷轉印在乾淨的位置，直至污漬徹底去除。

5 接著用清水沖洗污漬處，待衣物自然風乾後，再按一般程序洗滌。

睫毛膏污漬

一個完美的眼妝少不了睫毛膏，一件乾淨的衣服容不了一點睫毛膏漬，如何讓去污完美不留漬呢？

Point

在處理睫毛膏污漬時，要從污漬背面著手清潔。

 去污小法寶 洗碗精

How to clean

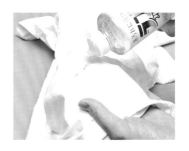

1 在污漬背面滴上幾滴洗碗精。
2 用雙手輕柔地搓洗污漬背面，使洗碗精充份溶解污漬。
3 用清水沖淨後，按一般程序洗滌漂淨。

 去污小法寶 工業用酒精

How to clean

1 將污漬面朝下並在下方墊一張紙巾或白布。
2 把工業用酒精適量地倒在污漬背面。
3 用另一張沾有酒精的的紙巾輕拍污漬背面，使污漬轉印在下方的紙巾或白布上。
4 在污漬轉印後，就移動紙巾或白布位置，讓污漬不斷轉印在乾淨的位置，直至污漬徹底去除。
5 用清水將衣物洗淨後，再按照一般程序洗滌。

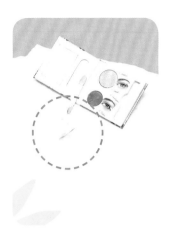

眼影污漬

眼影擁有多采多姿的顏色，無論哪一色，用對去污法就能快速去色。

idea 1 去污小法寶 · 洗碗精與漂白水

How to clean

1. 在污漬處滴上洗碗精，用手輕輕揉搓污漬背面，再以清水沖淨。
2. 以衣物所能接受的最高水溫，加入漂白水，將衣物浸入漂白溫水中。
3. 污漬徹底去除後，再按照一般程序洗滌。

idea 2 去污小法寶 · 洗碗精

How to clean

1. 立即將衣物浸入冷水中。
2. 並在污漬的正反兩面滴上洗碗精，在污漬背面用手輕柔的搓洗。
3. 不可水洗的衣物，則用棉花棒沾些洗碗精以擦拭方式清除污漬。
4. 用清水將污漬處洗淨，最後再依照衣物正常程序洗滌。

防曬霜污漬

防曬霜是女生夏天不可或缺的保養品之一，擦了防曬霜才能盡情徜徉於陽光之下，若不小心沾到衣服可要好好學如何去污的方法。

 去污小法寶　**酵素洗衣劑**

How to clean

1 在污漬正反兩面塗抹一些酵素洗衣劑。
2 再使用衣物所能接受的最高水溫，按照一般洗滌程序清洗。

 去污小法寶　**小蘇打粉**

How to clean

1 在污漬上灑一些小蘇打粉。
2 用牙刷輕刷污漬處，讓粉末深入衣物纖維當中。
3 靜置30分鐘，用乾布將粉末擦乾淨後，再用清水洗滌。

 去污小法寶　**洗碗精**

How to clean

1 直接在污漬的正反面滴上洗碗精。
2 用手輕輕搓洗污漬處。
3 最後再以衣物所能接受的最高水溫清洗。

染髮劑污漬

在家自己染髮或是幫爸媽染髮時，記得在脖子上圍上塑膠衣套，但若染髮劑不小心染到衣服，務必迅速處理污漬。

Point

染髮劑造成的污漬，必須在污漬未滲入布料前就進行清潔動作，如果已經滲進布料而且已經乾掉就無法清除乾淨了。

idea 1　去污小法寶＼ 白醋

How to clean

1. 污漬下方墊紙巾或白布。
2. 在做過褪色測試後，將白醋塗抹在污漬的正反兩面。
3. 靜置 2 小時後，再按照正常程序洗滌。

idea 2　去污小法寶＼ 洗碗精

How to clean

1. 不可水洗的衣物，在污漬下方墊紙巾或白布，用棉花棒沾些洗碗精，直接擦拭污漬處。
2. 污漬去除後，再用清水小心洗淨剛清除的污漬處。
3. 處理完後儘快送去乾洗。

idea 3　去污小法寶＼ 洗碗精與漂白水

How to clean

1. 以衣物所能接受的最高水溫，加入漂白水。
2. 在污漬處滴上洗碗精後浸入漂白溫水中，用手輕輕揉搓污漬背面。
3. 等污漬徹底去除後再按照一般程序洗滌。

筆類文具去污法

學生族與辦公室上班族，幾乎天天與筆、立可白、彩色筆等
文具為伍，難免會有不小心劃到或沾到衣物的時候，面對這
些污漬，大多數可以由外殼的說明辨別是油性還是水性，這
對去污清潔有很大的幫助。

原子筆・彩色筆**污漬**

原子筆以紅、藍、黑為3個主要顏色，分為水性和油性和中性三種，為了保護筆跡不被水暈開油性原子筆是最為常用的款式，如果衣服不小心被筆劃到了，有哪些去污小技巧呢？

而水性的彩色筆是小朋友們最愛使用的繪圖工具，當媽媽們面對孩子衣物上東一筆西一畫的色筆污漬時，什麼法寶是媽咪們最好的去污伙伴呢？

原子筆去污法

idea 1　去污小法寶　白醋

How to clean

1　剛被原子筆劃到的衣物，在做過褪色測試後，在污漬處滴上幾滴白醋。
2　加以搓揉清洗，就可以迅速恢復清潔了。

idea 2　去污小法寶　酒精・雙氧水或漂白水

How to clean

1　如果是油性原子筆墨水所造成的污漬，將污漬面朝下平放，並在衣物下方鋪放乾淨紙巾。
2　在污漬背面噴一點酒精，並取另一張白布或紙巾沾些酒精來輕拍。
3　當污漬轉印在下方紙巾時，就將衣物的污漬面移到乾淨的紙巾上，持續拍打直到污漬去除乾淨為止。
4　若仍無法清除，可改用雙氧水拍打或以含氧漂白水清洗。
5　污漬徹底去除後用清水將衣物洗淨，待自然風乾後，再按照一般程序洗滌。

idea3 去污小法寶　牛奶

How to clean

1. 遇到水性原子筆造成的污漬，先將污漬處浸泡在牛奶中。
2. 靜置1小時後，用清水洗淨，再依正常程序洗滌。

▶ ### 如何判斷水性筆、油性筆？

　　一般我們使用的原子筆大多屬於油性原子筆，如何判斷是水性或油性，最簡單的方法就是用紙杯裝水，將原子筆輕輕沾碰水面，若有墨水顏色浮在水面，就是水性筆，反之，油性筆的話只會看到一層薄薄的油漬浮在水面上。

小撇步

取名「原子筆」的由來

　　第二次世界大戰後，因原子彈的強大威力，命名新奇的事物常以「原子」起名，而且「原子」帶有勝利的意涵，所以取名「原子筆」。

　　另一說法是因為利用筆尖端的圓珠滾動達到書寫的目的，所以命名為「圓珠筆」，也有人讀成「圓子筆」，而逐漸演變成「原子筆」的發音。

彩色筆去污法

idea1 去污小法寶　去光水

How to clean

1. 用棉花棒沾些去光水。
2. 沿著污漬仔細擦拭。
3. 再用清水洗淨。

蠟筆 污漬

蠟筆是每一個小朋友最常使用的畫圖工具！當孩子衣物沾上這類含有油脂的污漬，因蠟痕可被熱水分解，使用50℃以上熱水浸泡去污效果最佳，但請留意衣物可接受的最高水溫。

 idea 1 去污小法寶 **白醋**

How to clean

1 做過褪色測試後，用棉花棒將白醋塗抹在污漬的正面。
2 再拿牙刷輕刷污漬背面。
3 最後將衣物洗淨即可。

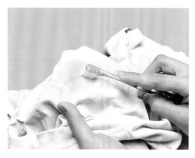

idea 2 去污小法寶 **洗碗精‧肥皂**

How to clean

1 在污漬處正面塗抹一些洗碗精或肥皂。
2 用手從污漬背面輕搓。
3 再用布料所能接受的最高水溫清洗。

螢光筆污漬

當標記重點用的螢光筆，一不留神沾上衣服時，該如何去除螢光筆漬，避免把自己當重點標示呢？

How to clean

1 先戴上塑膠手套，將松香水用棉花棒塗抹在污漬處。
2 水和甘油以2:1比例調勻。衣物浸入甘油液中，放1小時。
3 取出衣物用水洗淨，再用布料能接受的最高水溫洗滌。

How to clean

1 在污漬下方墊一塊紙巾或白布，做過褪色測試後，在污漬的正面滴上一點白醋。
2 拿牙刷輕刷污漬背面。
3 當污漬轉印在下方紙巾時，將衣物的污漬面移到乾淨的紙巾上，持續拍打直到污漬去除乾淨為止。再將衣物用清水徹底洗淨。

奇異筆・立可白污漬

在任何地方塗寫都可以留下痕跡，不怕水也不容易被擦掉的奇異筆、能修正原子筆字跡的立可白，這些污漬清除難度相對比較高，該如何輕鬆的恢復衣物的潔淨呢？

Point

水性的修正液沾到衣物，只要使用一般的洗衣精就可以簡單清除。但如果是油性修正液，是不可能輕易清除的，它在完全乾掉後會形成一層白色膜覆蓋在衣物纖維上而無法清除。

奇異筆去污法

 idea 1 去污小法寶 **牙膏**

How to clean

1 在污漬下方墊一張紙巾，將白色家用牙膏塗抹在污漬背面。

2 再用牙刷輕輕地刷洗。

3 當污漬轉印在下方紙巾時，就將衣物的污漬面移到乾淨的紙巾上，持續拍打直到污漬去除乾淨為止。

4 用水沖淨，再以衣物可接受的最高水溫洗滌。

立可白去污法

 idea 2 去污小法寶 **松香水**

How to clean

1 先戴上塑膠手套，用海綿沾些許松香水，沾抹在立可白污漬的背面。

2 用手輕輕搓洗，再以清水將衣物洗淨。可重複上述步驟。

小撇步

▶ **手不小心沾到立可白時**

將綠油精或白花油，塗抹在沾上立可白的部位，用手指以畫圈方式搓揉即可去除。

這是一種化學反應，停留在皮膚上會造成皮膚傷害，千萬不要忘記立即用衛生紙將它擦拭乾淨。

印泥污漬

大部份印泥多為油性，因水性較容易褪色所以較少使用，衣物上油性印泥漬的清潔難度高，愈早著手正確去污，效果愈佳。

 idea 1 去污小法寶 **去光水**

How to clean

1 用棉花棒沾些去光水，輕輕擦拭印泥污漬處。
2 清除污漬後，再以清水清洗。

 idea 2 去污小法寶 **肥皂**

How to clean

1 當衣物沾上印油時，先以化妝棉蓋住印泥污漬。
2 再用熱水或溫開水直接由污漬背面搓洗。
3 待污漬消失後，再使用肥皂搓洗，最後以清水漂淨即可。

墨水污漬

市售墨汁多含化學成分，以30秒內處理為佳，否則不易清除。處理衣物上的墨水污漬請把握清潔的黃金時間。

Point

✤ 不能使用肥皂清洗，避免墨水污漬深入衣物纖維中。
✤ 尚未乾涸的污漬，可以利用澱粉、滑石粉、粉筆…等粉末的物品，將污漬吸污然後再刮除乾淨或予以漂白洗淨。

---

idea 1 去污小法寶　牙膏或沾有清潔劑的飯粒

How to clean

1 立刻以清水沖洗大部分污漬。
2 擠適量的牙膏或沾有清潔劑的飯粒塗抹在污漬處搓揉。
3 再用牙刷輕輕將污漬刷洗清除。用水洗淨後，再按一般程序洗滌。

---

idea 2 去污小法寶　酒精

How to clean

1 如果是油性墨水，剛沾到時要立即用冷水沖洗污漬背面，藉由水流力量將顏料沖掉帶走。
2 翻開污漬背面，並在它下方墊放一張廚房紙巾，再將工業用酒精噴在污漬背面。
3 用另一張污有酒精的紙巾輕拍污漬背面，使污漬轉印到最下方的紙巾上。
4 持續拍打與移動，讓污漬不斷轉印到下方紙巾乾淨處，直到乾淨為止。
5 將衣物用水洗淨，待其自然風乾，再按一般程序洗滌。

頑強污漬去污法

汗漬、尿漬、血液面對越是頑強的污漬，越需要正確的判斷力與清潔動作，並把握第一時間快速去污處理，無論再頑強的污漬都不是對手！接下來我們針對三種常見的生理污漬，提出最方便簡易的去污方式。

衣物上汗漬

因為身體與衣物時時緊密接觸，每當在炎炎夏日裡或是劇烈運動時，總是免不了流出一身汗，所以汗水是衣物上最常見的污漬，衣物上的汗漬如果沒有徹底的清除，會留下黃色污漬與異味。

Point

不要使用肥皂清洗汗漬，以免汗漬定型。在清除衣物上的污漬前，不要使用熱水清洗、烘乾或熨燙衣物，因為熱度會使汗漬中的蛋白質成分遇熱凝固，反而增加清潔的難度。

---

idea 1　去污小法寶 \ 鹽

How to clean

1. 以10：1（鹽：水）比例將鹽巴加入清水中，調製成濃鹽水。
2. 再把衣物浸泡在濃鹽水中，約靜置1小時。
3. 取出衣物用清水漂洗乾淨，再放入洗衣機洗滌。此方法也可以一併清除衣物上的汗臭味。

---

idea 2　去污小法寶 \ 洗髮精或刮鬍膏

How to clean

1. 可以加入洗髮精或刮鬍膏塗抹汗漬處。
2. 約靜置4~5分鐘後輕輕地搓揉。
3. 汗漬去除後，再以溫洗滌劑溶液洗淨。

衣物上尿漬

當尿液殘留在衣物上，會有產生暗黃色污漬與強烈氣味。在去污時不僅講求去漬，更必須有效的清除衣物上特殊異味。

Point

✚ 未乾的尿漬，直接用冷水就可輕鬆清淨。

✚ 不要用熱水清洗，會讓尿液氣味留在衣物
　上。

---

 idea 1　去污小法寶　**冷水**

How to clean

1 將衣物拿到水龍頭下先用冷水沖洗。

2 再以酵素洗衣劑洗滌即可。

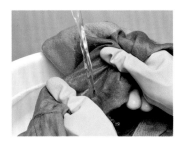

---

 idea 2　去污小法寶　**酵素洗衣精**

How to clean

1 如果衣物上的尿漬已變乾時，可以將衣物浸泡在加入酵素洗衣
　精的冷水中1個小時。

2 然後再按照一般程序洗滌即可。

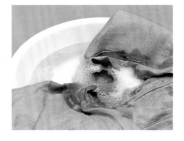

---

 idea 3　去污小法寶　**酵素洗衣精**

How to clean

遇到不可以水洗材質的衣物
時，可以使用海棉沾溫酵素洗
衣精與冷水，相互交替擦拭污
漬處，直到污漬與異味徹底去
除。

idea 4 去污小法寶 **硼砂・白醋或茶樹精油**

How to clean

1 當遇上陳舊或是頑強的尿漬時，將1茶匙硼砂加入 1 碗水中調製出硼砂水。

2 將污漬浸泡在硼砂水中，靜置 1 小時。

3 在做過褪色測試後，用白醋或茶樹精油沾抹在污漬處。

4 最後用清水洗淨。

▶ **什麼是硼砂？**

硼砂有廣泛的用途，可用在居家殺菌、洗潔劑、或當作水質軟化劑，特別是用在清除油脂類污垢特別有效。當面對紅蘿蔔、熱可可頑強乾固類污漬，或羊毛衣物上的油脂類污漬時，可以先將1茶匙硼砂加入1碗溫水中，將衣物浸泡在硼砂水30~60分鐘即可；如果是要清除果醬、果汁、染料類水果（例如：櫻桃）造成的污漬，可以將硼砂加水混合成糊狀，直接塗抹在污漬上，放置15~30分鐘後再用水沖淨即可去污。

小撇步

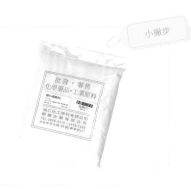

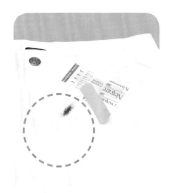

衣物上血漬

從血漬的顏色可以簡單判斷出是剛形成還是已沾染一段時間；因血液帶有腥味，從氣味上就能分辨是番茄醬漬還是血漬。

idea 1 去污小法寶 ⟩ **氨水**

How to clean

1. 遇到不可水洗材質的衣物，去除血漬預處理：先將 1 小匙氨水加入 500c.c. 的清水中稀釋備用。
2. 進行過褪色測試後，用海棉沾稀釋的氨水塗抹在血漬上清洗污垢。
3. 待衣物自然風乾後，再送去乾洗。

idea 2 去污小法寶 ⟩ **檸檬汁加鹽水或雙氧水**

How to clean

1. 如果是陳舊頑固血漬，可以使用檸檬汁加鹽水來清洗。
2. 也可以在布料可接受的情況下，把雙氧水倒在血漬上，必要時可以重複倒入雙氧水直至污漬清除。

idea3 去污小法寶 **冷水、洗潔精或雙氧水**

How to clean

1 先用冷水清理污漬部位。

2 待血漬轉淡後,再以沾有洗潔精或雙氧水的布來擦拭,最後以清水漂淨。

3 如果血漬較頑固難清除,可以使用去污肥皂水浸泡一晚,待隔日再洗滌效果更佳。

▶ **清理血漬注意事項**

★ 切記勿使用熱水來清洗衣物上的血漬!因為血漬和牛乳、蛋等物質的污漬相同,主成份都是蛋白質。當蛋白質一遇熱就會凝固,反而使血漬污垢難以清除。

★ 剛染上的血漬的衣物,使用冷水或鹽水就可以輕鬆清淨。

★ 若是處理別人的血液所形成的污漬,必須先戴上手套,並檢查手套上是否有裂縫或破洞,在清洗完畢後將手套直接丟棄。

小撇步

⑧ 霉菌去污法

當衣物出現霉味就代表霉菌已經產生，不僅氣味難聞，接觸
皮膚也容易導致不良影響！霉斑容易在黑暗、溫暖和潮濕的
環境中繁殖，通常會出現在沒有妥善收納儲存的衣物上。

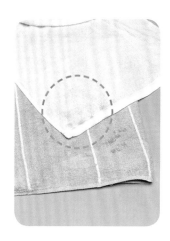

霉菌污漬

沾到雨水或是水氣的衣物例如毛巾，若沒馬上處理，可能遇到潮濕的環境就容易長霉菌，該如何把霉菌消除，快來看看有哪些處理方法。

idea 1　去污小法寶　茶樹精油

How to clean

1. 先將2茶匙的茶樹精油加入2杯水中混合均勻。
2. 用白布或紙巾沾一些茶樹精油混合液，在霉菌處輕拍即可（不要直接淋上去）。

idea 2　去污小法寶　檸檬加鹽

How to clean

1. 可以把一顆檸檬切成對半，在切面上均勻灑上鹽巴。
2. 直接拿來塗抹有霉斑的地方，再放進洗衣機裡洗滌。

idea 3　去污小法寶　酒精

How to clean

1. 將有霉斑的衣物拿到屋外，用牙刷把衣物上的霉菌刷除。
2. 用棉花棒沾一點酒精直接在霉斑處擦拭。
3. 待清除乾淨後，再按一般程序洗滌即可。

皮製品的霉斑污漬

皮質和絲質等高級衣物，愈是纖細就愈不能放在塑膠袋裡。因為東西在密封的情況下，無法接觸空氣，濕氣就會積在裡面，當然發霉就無可避免了。所以從洗衣店取回的衣物，最好除去塑膠袋，在上面蓋上薄紙，才收存起來。

---

idea1 去污小法寶 皮革保養乳

How to clean

1 先用濕布把霉斑擦拭乾淨。
2 再擦上一層皮革保養乳。
3 將皮衣置放在陰涼處風乾後再收納。

注意！不要直接曝曬陽光。
霉斑雖然可以暫時處理乾淨，但約2-3個月後可能會再發霉，記得要重複清潔。

---

idea2 去污小法寶 酒精‧清水

How to clean

先將酒精與清水以1：1比例混合，再用吸水性佳的白布沾混合酒精液來回擦拭皮革上的霉斑。

▶ 防霉小撇步

小撇步

台灣氣候潮濕多雨，衣物放於衣櫃中容易發霉，一個換季就可能發現衣物發霉了，以下提供幾個除霉方法，讓衣物能長期保存。

方法1 在衣櫃中鋪上幾層舊報紙，又能吸走濕氣，油墨還有驅蟲的作用。
方法2 每個月應利用除濕機將衣櫃除濕，或自製天然除濕劑如木炭等，放進衣櫃或收納箱中。
方法3 塑膠袋套衣服不通風，容易聚積濕氣，可利用大件的舊衣當做衣套，既透氣又方便。
方法4 利用舊棉襪或棉布袋裝入木炭，紮緊袋口後，放在衣櫃中防潮，達到天然的除濕效果。
方法5 利用熨斗熨燙衣物，以除去吸附在衣服上的水氣。
方法6 如果在壁廚、衣櫃、桌子抽屜 放置一塊肥皂，可以防止黴味產生，即使有了黴味，也會逐漸消除。

油漬去污法

腳踏車車油、機油、油漆等頑強油漬，相信是許多家庭主婦們最不想面對的麻煩污漬，在束手無策之餘，不妨試試下列提供的清潔方法。

腳踏車車油**污漬**

在全球樂活風潮中，「騎單車」充滿了自然休閒、快樂健康，並兼具環保，被視為最符合樂活精神的活動。因為單車活動的盛行，無形中也增加衣物沾到車油油漬的機會，一起來試試下列去污法吧！

idea 1 去污小法寶 小蘇打粉

How to clean

1 將小蘇打粉加入一點冷水調製成濃稠的小蘇打糊，塗抹在污漬處，靜置約 30 分鐘。
2 待糊狀物完全乾燥後，再用牙膏刷除小蘇打粉末。
3 將洗衣劑與小蘇打粉以1：1的比例混合，並以衣物所能接受的最高水溫加入混合後洗劑洗滌。

idea 2 去污小法寶 小蘇打粉或滑石粉

How to clean

1 取一些小蘇打粉或滑石粉灑在污漬上。
2 用牙刷將粉末輕輕刷進污漬纖維中。
3 靜置 30 分鐘，待粉末吸收了油漬後，再把粉末刷除。
4 在污漬正反兩面倒些洗衣劑，置放 5 分鐘後再以衣物所能接受的最高水溫加入洗衣劑洗滌。

油漆污漬

水性油漆較油性油漆容易清除，但無論水性或油性，油漆是很傷布料的污漬，一旦沾到，務必立即處理。若要送洗也是愈快愈好。

idea 1 去污小法寶 **松香水**

How to clean

1. 戴上手套，拿布巾沾些松香水。
2. 輕拍油漆污漬背面，使污漬徹底溶出。
3. 用清水將衣物上的松香水洗淨。
4. 待衣物自然風乾後，再用洗衣劑按一般程序洗滌。

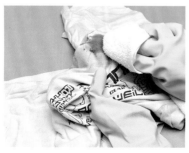

idea 2 去污小法寶 **甘油**

How to clean

1. 如果仍有洗不去的污漬，可將污漬處浸入甘油中。
2. 用手輕輕搓揉使油漬溶解。
3. 最後以布料可接受的最高水溫，加入洗衣劑按一般程序洗滌。

機油污漬

機油殘留在衣物上會造成深褐色的濃稠油脂性污漬，清除時需要多點耐心。

Point

✤ 沾上機油時，須用衣料所能接受的最高水溫沖洗，不要用冷水清洗，因為這會使顏色浸入纖維很難洗淨。

✤ 尚未乾涸的污漬，也可以利用澱粉、滑石粉、粉筆等粉末的物品，將污漬吸除後，再清洗或予以漂白。

 去污小法寶 **去漬油**

How to clean

1 用牙刷沾取一點去漬油輕輕刷洗污漬背面。
2 再以衣料可接受的最高水溫清洗。

 去污小法寶 **小蘇打粉**

How to clean

1 將小蘇打粉加入一點冷水調製成濃稠的小蘇打糊，塗抹在污漬處，靜置30分鐘。
2 待糊狀物完全乾燥後，再用牙膏刷除小蘇打粉末。
3 將洗衣劑與小蘇打粉以1：1的比例混合加入水中，並以衣物所能接受的最高水溫洗滌。

⑩ 領口·袖口汗漬去污法

上衣的領口及袖口是最容易堆積汗垢的位置，如有嚴重的汗
漬，必須先針對污漬部份去污後，再放進洗衣機洗滌。

領口·袖口**汗漬**

襯衫的領口和袖口會產生污漬通常是因為身體流出的汗漬或皮脂，再加上接觸空氣中微小的灰塵粒子後，更容易產生污漬，也不易清除。因此襯衫需經常換洗，儘早處理污漬。

idea 1 去污小法寶 洗髮精或刮鬍膏

How to clean

1. 將洗髮精或刮鬍膏塗抹在汗漬處。
2. 約靜置4~5分鐘後輕輕地搓揉。
3. 再用洗衣劑按照一般程序清洗漂淨。

idea 2 去污小法寶 牙膏

How to clean

1. 在衣領與袖口汗漬處擠上適量的牙膏。
2. 用牙刷輕輕刷洗。（刷洗的力道請勿太用力，以免刷傷衣物。）
3. 最後再放入洗衣機，使用洗衣劑並按照一般程序清洗。

小撇步

防止白色絲質襯衫變黃

★ 在清洗之前，先塗上牛奶，如此就能不可思議地防止白色襯衫變黃。

★ 在洗滌完後，最後一次沖水時加點牛奶，也具有同樣效果。這種方法並不需要用很多牛奶，所以不妨試一試。

羽絨衣 污漬

一般羽絨材質的衣服，會建議盡量減少水洗次數，這是為避免洗
滌的過程當中，處理不恰當導致衣服的蓬鬆及保暖程度降低。但
如果羽絨材質的衣服沾染到髒污，也很難眼不見為淨，但不建議
乾洗，避免化學藥劑滲入羽絨，破壞天然動物羽毛的天然油脂。

 idea 1　去污小法寶　小蘇打粉

How to clean

1 如果是聚酯材質，用濕布沾取適量小蘇打
　粉，在衣物上的髒污處輕輕刷洗。

2 等待乾燥後，用刷子刷掉小蘇打粉。

idea 2　去污小法寶　洗碗精

How to clean

1 將洗碗精加水搓揉起泡後，把泡泡覆蓋在污
　漬的地方。

2 待泡泡將衣服上的髒污溶解，再拿一塊濕布
　將泡沫擦拭乾淨即可。

▶ 羽絨衣的清洗

1. 最好是用手洗，水溫不可超過 30℃。
2. 先將洗衣精溶於水後，再放入衣服浸泡 5~10 分鐘，刷淨污漬處，以清水沖淨。
3. 裝入洗衣網中以低速脫水。
4. 亦可用洗衣機清洗，最好用洗衣網包起來，羽絨衣盡量壓入水中，以低速清洗、低速脫水。

▶ 不可使用熨斗熨燙，
避免陽光直接照射

1. 請勿使用漂白水及柔軟劑以免阻塞面料毛細孔，導致面料透氣度降低。
2. 羽絨衣可使用旋轉式烘乾機烘乾，以冷風或烘乾機的最低溫度（不超過 60℃）烘乾，可藉由烘乾程序增加羽絨蓬鬆度，增加保暖度。
3. 有些羽絨衣因面料材質不同，不可以烘乾，只能陰乾，請特別注意衣物上洗滌標示。
4. 請避免太陽直射　如此恐將造成布面變色或損壞。

▶ 換季收藏

1. 收納前必須先確認整件羽絨衣是否徹底乾燥，並且用力拍打、搖晃使羽絨衣恢復蓬鬆，再用不織布衣套罩住，以吊掛方法收放。
2. 注意不讓重物積壓在羽絨衣上層。

白色衣物 發黃處理

衣服換季收納之後等到下一季想要再拿出來穿時，才赫然發現讓人心碎的黃變，特別是白色棉質衣物，洗滌的疏忽與錯誤的收納都可能是衣物變黃的殺手，要如何解決衣物發黃呢？

▶ 預防白色衣物的變色

★洗衣時必須要百分之百沖淨，確認無清潔劑殘留。
★在收納衣物前，要把衣物清洗乾淨，並完全曬乾或烘乾才可收納。
★必須收納在乾燥的地方，最好用白色無印紙（如白報紙、圖畫紙）將白色衣物和其他衣物隔離。平常穿衣，一有污垢要立即清除。

小撇步

idea 1 去污小法寶 白醋

How to clean
用白醋浸泡衣物，再以清水清洗。

idea 2 去污小法寶 檸檬汁

How to clean
洗衣服時，在水中加入一點檸檬汁，不只可以去霉還具有漂白效果。

idea 3 去污小法寶 煮沸法

How to clean
將水煮沸，加入洗衣精與衣物繼續煮，再用清水沖淨；注意不同材質的衣物須分開煮。並留意衣物可接受的最高水溫。

---

idea 4 去污小法寶 漂白法

How to clean
將衣服浸泡在冷水稀釋過的漂白水中，浸泡時間以1小時為限，再以清水洗滌即可，需注意避免使用鐵、銅或青銅製等容器。而花色衣物宜使用含氧漂白劑，強力漂白則使用含氯漂白水。

PART 3

鞋子去污清潔法

生活中鞋子它有著「舉足輕重」的地位，陪我們走過春夏秋冬，保護我們度過每一個晴天和雨淋的日子，而被我們踩在足下的鞋子，隨時面對各種污漬，正確的鞋子去污法是延長一雙好鞋壽命的絕對必備功夫，讓我們來看看有哪些去污方法！

運動鞋污泥清潔法

一雙好的運動鞋不只是美觀更有保護足部的功用，因此針對各種不同類型的運動，也運用不同材質與設計，有著不同的類型的運動鞋。然而不同的材質，在清潔上也有不同的方式，一起來看看。

 準 備

1 肥皂或洗衣粉
2 乾布（最好是白色）
3 鞋用清潔劑（運動品店販售）或潔白型牙膏。
4 一支淘汰的牙刷。

Point
請勿使用熱風機強行把運動鞋吹乾。

1 鞋帶的清理
清洗鞋子時，先將鞋帶拆解下來，用肥皂或洗衣粉清洗。

2 鞋面的清理（以天然滑面皮革製的鞋面為例）
先用乾淨的軟布（最好是白色）沾少量「皮革鞋類清潔劑」，在鞋面上用輕柔的力道拭擦，去除污垢。

3 如污垢較頑固，可先將染有污垢的部份弄濕，再用牙刷沾「皮革鞋類清潔劑」輕刷污垢。然後以布或厚紙巾擦去刷出的髒污並擦淨鞋面。

4 整定鞋型後讓它自然風乾，避免陽光直接照射。

5 清潔後的鞋面保養
用另一張乾淨軟布把適量的鞋油、鞋乳或皮革保養液均勻塗在鞋面上（只需薄薄塗上一層），再把皮面擦亮。

6 **鞋墊的清理**
　請勿使用熱風機或乾髮用吹
風機強行把鞋墊吹乾，否則
鞋墊可能會變型。

7 **鞋墊的清理**
　基本上應盡量避免清洗鞋墊。如有異味，可把鞋墊取出及放
置於空氣流通處風乾，甚或使用鞋類除臭劑去除異味。
　如髒污嚴重，可將鞋墊於水龍頭下沖洗及用軟毛刷輕力拭
擦，請勿使用任何清潔劑，否則面層布料可能會脫落。

小撇步

不同材質的運動鞋面清潔法

　　清洗運動鞋時，鞋面須依不同材質進行去污清
潔。遇到人工皮革製的鞋面時可使用白色濕布清理
鞋面，如遇到頑固污垢，可再用浸濕的軟布沾少量
清潔劑或牙膏後擦拭。天然纖維布或合成纖維布製
的鞋面則可將運動鞋浸濕，用軟毛牙刷沾些「鞋類
洗潔劑」清洗污積。

帆布鞋污泥清潔法

大多數人們覺得鞋面看起來稍微髒一點、舊一點才是帆布鞋該有的味道，但如果沾到過大面積的污泥時，難免讓帆布鞋美感大打折扣，提供一個簡單的清潔方法不妨試試。

準備

1 一支淘汰的牙刷
2 肥皂或洗衣粉
3 牙膏
4 一條不用的乾布（最好是白色的）

Point

＊注意不要直接浸泡在水中清洗，不只減短帆布鞋壽命，也容易出現脫膠或縮水變形的情況。

＊忌用吹風機吹、烘乾機烘，也不可以放到暖爐旁邊烘。

1 鞋帶部分

拆下來用肥皂或洗衣粉直接清洗即可。

2 鞋頭、鞋邊與鞋後跟部分

拿牙刷沾些牙膏輕輕擦拭鞋頭、鞋邊到鞋後跟部分。擦拭鞋後跟部分要避免太過用力而將品牌字樣、圖樣給擦掉了。最後用濕毛巾把剛剛擦過牙膏的地方清潔一次。

3 鞋面部分

用牙刷沾肥皂或洗衣粉輕輕刷洗鞋面。遇到比較髒的地方就多刷幾次，之後再用牙刷沾水清洗掉肥皂漬即可。

4 清洗完畢後

先稍微甩掉水後，可用一般的衛生紙平貼 1~3 層在鞋面上，利用紙張的吸附力將清洗劑成分帶出，晾乾後會發現衛生紙變黃，而鞋面變乾淨了。建議放在通風且曬不到太陽的地方晾乾，因為放在太陽下曬乾容易造成帆布鞋膠質部分變黃。

皮鞋泡水除濕清潔法

四季交替裡，遇上雨天的機會非常頻繁，弄濕皮鞋更是常有的事，為了延長心愛皮鞋壽命，泡水後的除濕清潔是最重要的關鍵時刻。

▶ 皮鞋去污保養法

先將卸妝乳（過期的更好）倒在軟布或化妝棉上，並先揉開再擦到皮鞋鞋面上，其中所含有的乳化劑及清潔成份不僅是有去污功能，也兼具防水效果。

小撇步

Point
* 皮質的新鞋子在穿之前，可擦上一層鞋類保養油，就能保護鞋面不受損又可防水，使新鞋持久耐穿。
* 不可以用吹風機的熱風吹、烘乾機烘與直接日曬，也不可以放到暖爐旁邊烘，快速熱溫烘乾會加速皮革老化的速度。

1 先用乾布將內外的水份擦乾，並輕壓吸乾。

2 在鞋內塞入報紙團（報紙外面包上一層素面紙避免油墨沾污），再將其置放於通風陰涼處風乾。

3 也可開啟電風扇向著鞋內送風，增加風乾速度。也可放在開啟除濕機的屋內（勿直接放在除濕機旁，避免排出的熱氣傷到皮質鞋面）。

4 待完全乾燥後，擦上皮革保養油。

5 最後放入鞋盒收納前別忘了加入乾燥劑。

涼鞋 **去污清潔法**

夏末轉入秋天季節時，常穿的涼鞋往往隨手就放入鞋櫃裡堆放。當隔年再拿出來時，赫然發現髒污和霉臭讓鞋子報銷了！為了讓明年還能繼續穿上它們，記得收納之前，別忘了正確的清潔保養，才可讓鞋子常保如新！

準 備

1 鞋類清潔劑、卸妝乳或牙膏
2 一條不用的乾布（最好是白色的）

Point
用乾淨的橡皮擦來擦除鞋面上的小污垢也有不錯的效果喔！

1 先用乾棉花輕輕拍彈鞋子灰塵，並用刷子刷除鞋底塵土。

2 用乾淨的濕布（白色為佳）快速清理鞋面與鞋墊。

3 遇頑固污垢，用浸濕的白布沾少量鞋類清潔劑（卸妝乳、牙膏），先把布上清潔品揉開，在鞋子不明顯處做變色測試，再開始清理鞋面。

4 易留下腳指印的鞋尖處，整塊布不好擦拭時，可以戴上棉手套方便手指深入鞋內清潔。

5 鞋面的裝飾、鞋帶間空隙可以用小牙刷來清理。整理好的鞋子，最好是放進鞋盒或收納盒，避免被灰塵再度污染。

鞋類除臭法

鞋子穿久了容易因腳汗留下臭味，尤其是若因為淋過雨的鞋子沒好好處理更容易臭味滿天，在此提供幾個簡易鞋子除臭法，不妨試看看！

準 備

1 不要的襪子
2 乾咖啡渣（也可用茶葉、木炭、洗衣粉代替）

環保除臭法 方法 1
咖啡渣風乾乾燥，然後攤開襪子將適量的咖啡渣裝入襪子內。再將裝束好的咖啡渣襪子放入鞋子內即可除臭。

環保除臭法 方法 2
茶葉、木炭、洗衣粉（變硬還可以拿來洗衣服）也可以拿來代替咖啡渣，裝入舊襪子內除臭。

去除臭味法 方法 1
最快的方法是更換鞋墊，不僅能去除異味，還能減少鞋內細菌數量，尤其是皮靴靴筒高度高，容易因不通風造成異味殘留。

去除臭味法 方法 2
如果已經有嚴重異味產生，可將少量的小蘇打粉或爽身粉均勻地灑在鞋墊底下，幾天後將粉末拍掉就可以去除異味了！

去除臭味法 方法 3
可以將未開封的香皂，長期放置不穿的鞋內，鞋內自然就會散發出香皂的香味。

鞋子與鞋櫃防潮法

回家時，受潮的鞋一定要清潔乾淨，完全乾燥後才能再放進鞋櫃中，以免鞋的濕氣在密閉的空間產生變化；為了避免霉菌滋生，防潮工夫絕不能少，保持鞋子與鞋櫃的乾燥是最根本之道。

方法 1　報紙鋪在鞋櫃裡，除了能吸濕，鞋上的髒污會直接落在報紙上，打掃時只要換新報紙即可。

方法 2　紙團或報紙（外層用素色紙包覆）塞在受潮的鞋內吸濕，待乾燥後才能放進鞋櫃中收納；若鞋已濕透，則一定要在通風處晾乾後，再放進鞋櫃中存放。

方法 3　粉筆也具有防潮的作用，在舊絲襪中裝些粉筆並放於鞋內，就能達到吸濕的作用。

方法 4　竹炭的吸濕效果也不錯，放進鞋內就能保持鞋內乾爽。

方法 5　鞋櫃裡面放置小蘇打粉，既可吸濕又能消除鞋臭味。

方法 6　乾燥後的咖啡渣加上粗鹽，放在鞋櫃等櫃子中能吸濕又除臭。

換季鞋子收納法

　　台灣四季分明，春夏所穿的鞋子和秋冬絕對不同，因此在換季時，皮鞋在收藏前，應先用清潔劑及鞋油把鞋子擦拭乾淨、保養好，等其乾燥後，鞋子內用鞋撐或塞入舊報紙團定型後再放入鞋盒內收納，最好還放入幾包乾燥劑，置於通風陰涼處保存。

　　同時，應偶爾拿出來透氣，以免發霉，尤其是馬靴。另外，皮革製品應做好防曬，若遇到強光照曬過久，會出現乾裂的情況，所以應收藏到陽光不會直接照射到的地方。

小撇步

▶ 鞋子保養

　　任何種類的鞋子清潔保養後或平時不穿時，可將鞋撐、紙團或舊報紙（外面包上一層素面紙或宣紙）不僅可以防止變皺或變形，更兼具除濕效果。

PART 4

包包 · 帽子 · 娃娃
去污清潔法

除了衣物、鞋子與我們生活息息相關，別忘了還有許多配件與物品也是生活中常使用和容易碰到污漬的東西，下列我們分別針對包包與帽子，以及可愛的布偶娃娃，提供去污清潔小撇步。

帆布包污泥清潔法

帆布包具有休閒質感，但也容易沾染污漬，像是污泥污漬，而筆跡也是常見的污漬。去污方法與衣物的清潔一樣，必須先針對污漬處進行去污後再洗滌，才會有最佳清潔效果。

idea 1 去污小法寶 ＼工業用酒精與水

How to clean

1. 如果是大面積的泥污，先把酒精與水以1：1比例混合。
2. 待泥巴乾掉後，用軟布或紙巾沾些稀釋的酒精液來擦拭污垢處。
3. 最後讓它自然風乾後，再按一般方式洗滌。

idea 2 去污小法寶 ＼洗碗精

How to clean

1. 等泥巴乾掉後，把沾到泥巴的地方甩一甩，再用刷子輕輕地刷去污泥。
2. 在污漬處滴幾滴洗碗精。
3. 在污漬背面用輕柔的力道刷洗。
4. 打開水龍頭，由污漬背面直接用水沖洗。
5. 最後再用一般程序洗滌乾淨。
6. 清潔完成後，將包包整好形放置陰涼處風乾即可。

帆布包筆跡清潔法

當無法確定是染到水性或是油性的筆漬時，可以先用水性筆跡清潔法試著清除看看。

油性筆跡清潔法

 idea1 去污小法寶 **酒精與紙布**

How to clean

1. 在書包污漬的下層墊上一張紙巾或乾淨白布。
2. 將酒精噴在污漬背面，用另一塊沾有酒精的紙巾輕拍污漬背面。
3. 當污漬轉印到下層紙巾上時，就將污漬處移到乾淨紙布上再繼續用紙巾進行拍打按壓，藉由不斷移動與拍打，讓污漬完全轉印到下層紙巾為止。
4. 最後將污漬徹底洗淨後，讓它自然風乾，再按一般方式洗滌。

水性筆跡清潔法

 idea2 去污小法寶 **牛奶**

How to clean

1. 將沾到水性筆跡的污漬處浸泡在牛奶中，置放約 2 小時。
2. 用水洗淨，再按一般程序洗滌即可。

布類包包**去污清潔法**

布類包包如果噴到髒污，應立刻以衛生紙吸除，切勿抹擦，造成污漬更深入布料中！不是所有布料包包都可以水洗，如沒有十足把握，不可任意下水清洗。

Point 布類包包的拉鍊車縫處，如果是用皮質布料包覆後車縫收邊，該皮質布料部份注意盡量不要碰水。

1 一般灰塵
用乾綿布輕拍擦去。

2 定點去污
輕微的污漬，可以用小蘇打粉加水稀釋之後，用軟布沾小蘇打水後輕輕擦拭污漬，檸檬水也有相同去污的效果。

3 點狀污斑
用橡皮擦輕力在污漬處擦拭。

4 污垢清潔
以軟布沾蛋白擦拭，千萬不能用刷子，以免布料的固色染料被刷掉，圖案色澤暈開模糊，或是使織品表面變得毛毛的。

5 油污清潔
拿一條乾布沾一點水弄溼布面，再沾些洗碗精揉開後，用食指頂住布面輕輕擦拭污漬處。

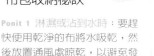

布包收納秘訣

Ponit 1 淋濕或沾到水時：要趕快使用乾淨的布將水吸乾，然後放置通風處晾乾，以避免發霉。

Ponit 2 平日不用時：塞入紙板或用宣紙包住適量的報紙，撐住包包，以防變形，還能保持乾燥。

Ponit 3 可水洗的布包：在洗淨後，先整定好包型，再放置陰涼處風乾。

Ponit 4 收納時：記得套上防塵袋放入乾燥劑，再收納至櫃子中。

皮製包包**霉斑清潔法**

海島型氣候的台灣，潮濕又悶熱的天氣非常適合霉菌的滋生，因此在皮製的包包、衣物、鞋子的收納上，稍不慎就會染上霉菌斑點的困擾，不只傷害物品造成難聞的霉味，更是危害著健康。

Point
千萬不可直接曝曬在陽光下，避免造成皮質表面硬化。
霉斑雖然可以暫時處理乾淨，但約2~3個月後可能會再發霉，記得要注意保持包包的乾燥與重複清潔。

idea 1 去污小法寶 \ 酒精與清水

How to clean

1. 將酒精與清水1：1比例混合。
2. 再用白布沾些稀釋後的酒精液來回擦拭皮革上的霉斑。
3. 置於陰涼處自然晾乾後再妥善收納。

idea 2 去污小法寶 \ 濕布

How to clean

1. 先用濕布把霉斑擦拭乾淨。
2. 再擦上一層皮革保養乳。
3. 將皮包置放在陰涼處風乾後再收納。

▶ **皮製包包與衣服摩擦出現染色了！該怎麼辦？**

小撇步

1. 先在包包不明顯處做過褪色測試後，用軟布沾些卸妝乳揉開再擦到皮件上清潔染色處。
2. 輕輕擦拭，利用卸妝乳所含的乳化劑及清潔成分去除包包上的污染。
3. 過期的卸妝乳也可有相同去污效果喔！
4. 也可用含清潔效果的保養油擦拭，要先在不顯眼處小面積擦拭，如果無法擦去衣物轉印上去的顏色時，要立即停止去污動作。

棉質帽汗漬清潔法

容易變形的棉質帽，在清洗時，不可用洗衣機清洗，務必使用手洗方式。因為帽子上的汗垢會混合著頭髮的污垢和油脂殘留，所以用洗髮精來清洗會有不錯的清潔效果！

Point

多頂帽子不要混著清洗，以免相互染色。清洗前要先看帽子上的洗標說明，確認是否可以水洗，如羊毛帽就不可水洗，避免水洗後縮水變型。

---

idea 1　去污小法寶　洗髮精

How to clean

1 在清水中加入約一次洗髮所需的洗髮精量。

2 將棉質帽浸入洗髮精水中，用力搓洗帽子上的暗黃色汗垢。遇到較頑固的汗垢也可以用牙刷沾洗髮精或刮鬍膏在污漬處直接刷洗。

3 待污漬去除後，再用清水洗淨即可。

---

idea 2　去污小法寶　牙膏

How to clean

1 在汗漬處，用牙刷沾取一些牙膏輕輕刷洗。
（刷洗的力道請勿太用力，以免刷傷帽子。）

2 用清水沖淨，再加入洗衣劑並按照一般手洗程序洗淨。

▶ 發霉的清潔

小撇步

擦拭法 若帽子不能水洗，以濕布沾稀釋的酒精擦發霉處，再以沾清水的濕布擦拭，再以乾布拭乾，重複2~3次後，將帽型整定後放到通風處風乾。

水洗法 發霉的帽子若可水洗，先曬太陽約1~2個小時，去除水分，再用乾的軟毛刷將霉刷除，放進洗衣袋清洗。若冬天少陽光，可將帽子吊掛風乾，再用吹風機吹1~2分鐘。

鴨舌帽汗漬清潔法

鴨舌帽最初是獵人打獵時戴的帽子，因其扁如鴨舌的帽沿，故稱鴨舌帽。它是設計師在設計運動系列服裝時最喜歡的搭配單品，也是許多人們穿搭上必備的流行配件。

idea 1　去污小法寶　洗髮精或刮鬍膏

How to clean

1　在汗漬處塗抹洗髮精或刮鬍膏，靜置4~5分鐘後用牙刷輕輕地刷洗。
2　待汗漬去除後，再以帽子可接受的溫水加入洗滌劑進行洗滌。
3　若是無法水洗的帽子，可以用海棉沾些清水在污漬處拍淨即可。

idea 2　去污小法寶　鹽

How to clean

1　當可水洗的帽子殘留汗漬時，先將鹽巴與清水以10：1比例調製成濃鹽水。
2　把帽子浸泡在濃鹽水中，靜置1小時後再用清水洗乾淨。
3　最後按一般程序手洗洗滌。這方法不只去除汗漬也可清除帽子上的汗臭味。

▶ 鴨舌帽 定型法

帽緣處可用拇指與食指按壓還原，或用柱狀體輔助塑出圓弧形，如果帽緣內的硬板斷裂的話就不適合此法。

鴨舌帽 防污法

 小撇步

沿著帽緣黏貼一圈透氣膠帶後再戴，可以讓帽緣不變髒。

安全帽汗漬清潔法

每天和頭皮直接接觸的安全帽的清潔衛生，常常被機車騎士所忽略，造成細菌和黴菌孳生迅速危害健康！特別是在炎炎夏日，安全帽無可避免會沾到頭上的汗漬，該如何做好清潔與除臭呢？

Point

購買可拆卸式專襯墊，讓頭皮不會直接觸到安全帽，並定期拆下換洗，請勿用髒即丟，造成資源浪費與環保問題。

idea 1 去污小法寶 白醋與水

How to clean

1. 將1湯匙的白醋加入250c.c.水中稀釋。
2. 用海棉沾些白醋水塗抹在汗漬處，靜置15分鐘。
3. 最後再清水擦淨。必要時可以重複上述步驟。

idea 2 去污小法寶 洗髮精或刮鬍膏

How to clean

1. 可以加入洗髮精或刮鬍膏塗抹汗漬處，約靜置4~5分鐘後輕輕地搓揉。
2. 待汗漬去除後，再用海棉沾水擦乾淨。
3. 把安全帽倒過來，放在太陽下曬乾。

小撇步

▶ **安全帽日曬殺菌法**

每個禮拜把安全帽倒過來放在太陽下曝曬三小時，利用陽光的紫外線殺死裡面的細菌，不需要花錢也很環保，但比較無法消除死角內的塵埃與油污。

絨毛娃娃去污清潔法

一般最簡單的清潔法，是直接將絨毛娃娃套上網袋，再丟進洗衣機浸泡10分鐘後用弱速洗滌就可以了！如果不放心用機洗的朋友，下列提供快速方便還不用晾的清潔法，因為小蘇打粉可食用，不怕殘留沒有安全的顧慮。

Point

小蘇打粉如果加太多，布偶絨毛清理後容易產生滑滑的感覺。使用機洗前，也可用此方法，對局部嚴重髒污做處理，洗滌後的效果會更驚人喔！

idea 1 去污小法寶 小蘇打粉

How to clean

1. 在100c.c.水中加入半匙布丁匙小蘇打粉，攪拌均勻後裝入噴瓶。
2. 將絨毛娃娃髒污處分成一個個小區塊，噴上小蘇打水。
3. 用牙刷順著娃娃的毛輕輕刷洗，再用乾毛巾將污垢擦掉。
   （以分區塊方式，一部份一部份的清理，避免洗出的髒污來不及擦拭又被吸附回去。）
4. 待全部清潔乾淨後，再用吹風機與梳子做最後吹乾梳理即可。

How to clean

1. 用刷子刷去表面髒污，也可用刷子沾些許冷洗精刷去污漬；如果只有灰塵，用吸塵器把灰塵吸掉即可。

2. 再將絨毛娃娃放進水裡，一邊浸泡一邊以水沖洗大約10~15分鐘。浸泡時，刷一刷、壓一壓，壓出髒污再用水沖淨。

3. 洗完後，用洗衣袋裝好，放入洗衣機脫水去除多餘的水分。如擔心脫水會使絨毛娃娃變型，可選擇較弱的轉速。

4. 絨毛娃娃連同洗衣袋直接用洗衣夾夾住，最好是直接在陽光下曬乾。冬天曬棉被時，別忘了把娃娃也一起拿出來曬太陽，讓暖烘烘的太陽曬一下順便殺菌喔！

▶ 收納小妙招

用透明袋

可以用透明塑膠袋收藏，一方面較為方便，另一方面也可以從外觀清楚看出裡面收放的物品。

放乾燥劑

將絨毛娃娃收起來時，應在衣櫥裡放除濕袋或乾燥劑。如果要使用樟腦丸，記得先將它包起來，避免直接與絨毛娃娃接觸。

小撇步

PART 5

去污後洗滌方法

在我們與污漬的戰鬥中，首先必須採取正確及時的去污攻防動作，當污漬去除乾淨後，別忘了為我們的衣物做一番全面性的整頓，進行正確完整的洗滌處理，找回衣物原本的美麗面貌！

下水前的髒衣服處理

1. **保護衣物** 針織衣、單價高或手洗衣物,記得放洗衣袋或翻面後再清洗。
2. **拉好拉鍊** 牛仔褲、一般衣褲的拉鍊要拉好,以免勾到其他衣服。
3. **清空口袋** 記得把口袋內東西清乾淨。
4. **衣領打開** 襯衫領口扣子不要鈕,以免洗不乾淨。

手洗正確方法

大部分可洗衣物都能用洗衣機洗滌,但是一些衣物卻標明「只可手洗」。無論您有多忙,都不要忽視這個標籤。

 ○「只可手洗」標示

手洗方法說明

手洗適用於質料佳、手工精細或易變形的衣物。
方法有分為搓洗,壓洗,刷洗,漂洗等。

1. **搓洗** 兩手握著衣物搓揉。適用於植物纖維,質料牢固,且十分污穢者。
2. **壓洗** 在洗液中輕輕的將衣物反覆施壓,最不傷布料。適用於不是很髒而且怕搓揉的衣物。
3. **刷洗** 將衣物放置洗衣板上,用刷子輕輕刷。適用於粗厚、髒污的植物纖維。
4. **漂洗** 需要使用較多洗劑,輕輕的抓住衣物的中心部分,在洗液中前後左右不停漂動,讓水衝去污垢。

手洗洗滌步驟

先放水 → 放洗衣劑 → 再放衣服

1 先放水（合宜的水溫），同步稀釋洗衣精（粉），尤其是洗衣粉必須充分溶解以後才能開始洗滌。
2 再放入衣服。
3 如果習慣先丟衣服，要將洗衣劑稀釋後再倒入。

手洗的處理順序

檢查 → 分類 → 預處理 → 皂洗劑洗 → 清洗 → 乾燥

1 **衣物分類** 首先像分類機洗衣物一樣對手洗衣物進行分類。根據顏色分堆，把白色和淺色的放在一起，把深色和褪色的衣物分別堆放。

2 **預處理** 對污漬和很髒的區域進行預處理。

3 **進行洗滌** 將清潔劑放入盆中，將其溶解在衣物適合的水溫中，再將衣物放入其中。浸泡3~5分鐘後，再輕擠泡沫使之浸入衣物纖維中，注意不要過度磨擦、揉搓或扭絞。在冷水中徹底清洗衣物直至水乾淨清澈為止。

   注意！浸泡時間不可超過半小時，避免溶出的污垢再次污染衣物，反而增加清洗的難度。

4 **衣物脫水** 為防止變形，必須依衣物種類，採用洗衣機脫水槽、用手扭乾或將衣物放在平鋪檯面上壓乾，來排除衣服上的水分。

5 **衣物晾曬** 為防止衣物因晾曬而使纖維變質，應依衣物洗標來選擇晾曬在陽光下或陰涼通風處，除此之外還需考慮其應採吊掛式，或是平放式晾乾法。可以將襯衫、衣服、圍巾和貼身內衣懸掛晾乾。用毛巾吸掉毛衣、長襪、褲子和胸衣上的多餘水分。只有在水的重量不會使衣物拉長變形時，才能懸掛晾乾；否則，就在鋪平的毛巾上平放晾乾。

洗衣機洗正確方法

在採取機洗前，必須先檢視衣物的洗滌標示，確定可以機洗才可以開始進行洗滌動作。

⊔◉ 可機器洗標示

機洗洗滌步驟

1. 先開機注水，選擇合宜的水溫、水位、洗滌時間、清洗次數、脫水時間與洗衣程式設定。（每台洗衣機使用方法，略有不同，請依使用說明書操作。）
2. 加入洗衣精（粉）稀釋，尤其是洗衣粉必須充分溶解以後才能進行洗滌。
3. 再放入衣服。 如果習慣先丟衣服，要將洗衣劑稀釋後再倒入。

機洗的處理說明

1 衣物分類

將衣物分類是洗衣的第一步，這有助於使衣物、日用織品和其他家用物品經多次洗滌後仍然保持最佳狀態。

(1) 首先根據顏色進行分類，再將需特殊機洗流程的衣物取出，依四類分別堆放
① 白色衣物 ② 淺色柔和的衣物 ③ 亮色和深色衣物（不褪色）④ 亮色和深色衣物（會褪色）

(2) 再根據衣物的乾淨程度將每堆衣物分成三小堆：「微髒」、「一般髒」及「非常髒」。

2 衣物放入洗衣機的原則

(1) 將淺色和深色分開洗：

　①深色和淺色衣服要分開洗，除了避免染色外，應該使用的洗衣劑也不相同。

　②專洗淺色衣服的酵素洗衣劑，PH值在8以上，可除垢，且不傷衣料。

　③深色衣服應選PH值在7以下的中性洗衣精，較不會使衣服褪色。

(2) 將很髒和不太髒分開洗

(3) 褪色與不褪色分開洗

3 仔細閱讀廠商的使用說明書

(1) 保存說明書準備隨時參考，按照推薦的洗衣程式操作。

(2) 不要超過洗衣機的可承載量；衣物量也不要超過廠商的推薦值。

(3) 大件和小件衣物混合洗滌，這樣可以保證最好的流通迴圈，而且可以均勻分配洗
　　衣桶的負載。

4 七分滿充份洗

若一次放進洗衣槽內的衣服量太多，洗滌衣物時容易因為有死角而洗不乾淨。一次
洗衣的量應是洗衣槽的六、七分滿，才能讓衣服充份洗滌乾淨。

5 洗濯時間

● 最佳時間為5~10分鐘　● 普通衣物只需5~7分鐘　● 比較髒的衣物則需7~12分鐘

用洗衣機洗衣服時間約10至15分鐘就很足夠。若衣服洗太久，破壞布料的纖維，且
深色衣服洗衣時間應比淺色衣服縮短，才不致褪色。

很多人都有經驗，衣服怎麼愈洗愈髒？就是因為衣服洗太久，洗出髒水，又污染衣
服，造成「逆污染」。

6 加入適當的洗衣劑量　　詳細閱讀洗衣劑外包裝使用說明。

7 預處理　　針對污漬和很髒的區域進行預處理（詳見書中各類污漬清潔法）。

8 深色衣定色法　　讓深色衣服定色加幾滴白醋。注意：專家提醒，加太多會損壞衣服質料。

9 襪子裝袋洗　　襪子和衣服一樣，依顏色深淺分開洗，為防止襪子經洗衣機翻攪，
鬆緊帶失去彈性，必須先放入網袋中，再丟進洗衣機清洗。

10 使用衣物柔軟精的注意事項

(1) 在將液體衣物柔軟精加入洗衣機前，需要先用水稀釋後再使用；如果將衣物柔軟精直接倒在衣物上，會在衣物上留下痕跡。

(2) 不可以與洗衣劑同時加入洗衣機，反而會讓衣物無法洗淨。

(3) 洗滌嬰兒衣物時，最好少用衣物柔軟劑，因為有些嬰兒對積留的柔軟劑過敏。

機洗除污小撇步

1 重點去污 髒衣領、口紅、肉汁等，下水前先用衣領精噴一下。

2 褪色測試 先用濕白布沾取洗衣精搓洗，褪不褪色立現。

3 除臭洗淨 洗衣時，加些蘇打粉，除臭又可增加洗淨力。

小撇步

▶ **洗衣機清潔**

　　用來清潔的洗衣機，長年使用且處於潮濕的環境，若不注重清潔，反而容易滋生細菌，因此除了注意衣物的清潔，本身洗衣機的清潔更需多加注意！

如何清洗洗衣機

1 先將過濾網拆下，將棉絮清除後，使用中性清潔劑浸泡後再清洗，然後晾乾。

2 將洗衣槽加水至高水位，加入小蘇打（約100~120g），用一般洗衣時間洗約3~5分鐘後，靜置30分鐘至1小時。

3 將第1次清潔的污水排掉後，再放滿清水，依一般洗衣程序清洗一次。

4 再用2~3碗白醋（約300c.c.）加入高水位的洗衣機中，用一般洗衣時間洗約3~5分鐘後，靜置30分鐘至1小時。

5 將水排掉後，再用水管沖洗一次，然後打開洗衣機蓋子，讓內部通風乾燥。

洗衣機的日常保養

1 每次洗完衣服後，最好能打開機門或洗衣機的蓋子數小時，讓洗衣筒保持乾爽通風（特別是內外筒之間夾層），以免滋生細菌、黴菌等。

2 每隔2星期至半年之間，定期清洗洗衣槽。

3 洗衣機應放置於家中通風的環境，若地點不通風時，使用後可用電風扇將洗衣槽吹乾。

4 使用完洗衣機後，將濾網拆下來清除棉絮，再用中性洗劑清洗後，晾乾裝回去。

附 錄

認識衣物洗滌標示

衣服的洗滌標示

　　市面上，只要是正規有制度品牌的衣物，都應該會車附永久性洗滌標示幫助消費者維持衣服的最佳狀態。所謂的洗滌標示正是廠商所預先測試過最適當的保養方法，以協助消費者或洗衣業者至少一種對服裝不產生損傷的清洗方式。

　　大部分的標示都是全球通行的符碼，當然也會有一些罕見的或是更細部的處理方式。因此在您決定清洗衣物的方式前，先閱讀衣服上的洗滌標示，弄清楚洗滌、烘乾和熨燙方法再按照要求來清洗，除了能夠避免衣物毀損還能夠有效幫助您的衣物保持在最佳狀態。以下列出一些常見的衣服整理與清洗的規則跟通用符號，希望能對您有所助益！

1 洗臉盆符號

這些符號主要標示「是否可以水洗？」、「要用手洗或機器洗？」、「要用什麼水溫洗？」

洗滌標示	代表意義	洗滌標示	代表意義
⊔	可水洗（機器洗、手洗都可），最高水溫不超過攝氏九十度。	⊔ 40℃	可水洗（機器洗、手洗都可），最高水溫不超過攝氏四十度，但須弱速洗滌並縮短洗程。
⊔ 60℃	可水洗（機器洗、手洗都可），最高水溫不超過攝氏六十度。	⊔ 手	可水洗，必須用手洗。（若未註明溫度則表示可用熱水，水溫最高不可超過攝氏九十度）
⊔ 40℃	可水洗（機器洗、手洗都可），最高水溫不超過攝氏四十度，但須中速洗滌並縮短洗程。	⊔✕	不可用水洗。（圖案中加 "✕"）

② 圓形乾洗符號

在圓形中加入文字或下方，標示適用的乾洗溶劑與乾洗方式。

洗滌標示	代表意義	洗滌標示	代表意義
乾洗	乾洗。	乾洗 A	可用所有乾洗溶劑清洗。
乾洗 石油	限用石油類乾洗溶劑清洗。	乾洗 石油	限用石油類乾洗溶劑清洗，但須中速洗滌縮短洗程，中溫乾燥。
乾洗 F	可用石油類或氟素乾洗溶劑清洗。	乾洗 P	可用石油類、氟素、四氯乙烯、三氯乙烷溶劑乾洗，但須弱速洗滌縮短洗程低溫乾燥。
乾洗 P	可用石油類、氟素、四氯乙烯、三氯乙烷乾洗溶劑清洗。	乾洗	不可以乾洗。（圖案中加 "X"）

③ 熨斗符號

主要標示「能不能熨燙衣服？」、「須用什麼指定溫度熨燙才不會傷害衣服？」

洗滌標示	代表意義	洗滌標示	代表意義
	可熨燙，最高溫度不超過攝氏210度。	150℃	可熨燙，熨燙時須於織物上墊一層布，最高溫度不超過攝氏150度。
120℃	可熨燙，最高溫度不超過攝氏120度。		不可熨燙。

④ 三角型符號

標示衣物漂白處理的方式

洗滌標示	代表意義	洗滌標示	代表意義
△	可漂白　可以用一般含氧或含氯的漂白劑。	氯	三角形內只寫「氯」卻又打上一個X表示，那件衣服不能用含氯漂白水但可以用含氧漂白水。
氯	三角形內只寫「氯」，只能用含氯漂白劑。		不可漂白。（圖案中加 "X"）

5 方形加圓形的烘乾符號

主要標示「能不能烘乾？」

洗滌標示	代表意義
⊡	可以用機器烘乾，但最高溫度不能超過九十度。
⊡	圓形內出現一個黑點表示可以烘乾但最高溫度不能超過六十度。

洗滌標示	代表意義
⊡	圓形內出現二個黑點表示可以烘乾但最高溫度不能超過七十度。
⊠	不可以用機器烘乾。

6 衣物扭轉符號

用來標示「衣物可否用手扭乾？」

洗滌標示	代表意義
輕扭	用手把水扭乾。

洗滌標示	代表意義
輕扭	不可扭乾或脫水。〈圖案中加〝X〞〉只能用手輕輕擠掉多餘水分後平放乾燥。

7 衣服符號

用來標示晾衣服的方式。是晾曬在陽光下還是陰涼通風處？
應採吊掛式，或是平放式晾乾法？

洗滌標示	代表意義
👕	脫水後吊掛晾乾。
👕	在衣服的右下角有劃三條斜線，表示必須在陰涼處吊掛晾乾不可以曬太陽。
👕	不可吊掛晾乾。（圖案中加〝X〞）

洗滌標示	代表意義
平	沒有衣架寫一個「平」字，表示必須脫水後平放晾乾。
平	衣服沒有衣架寫一個「平」字，表示必須脫水後平放晾乾，加上斜線表示必須平放陰乾。
平	不可平放乾燥。（圖案中加〝X〞）

腳丫文化
■K046

60招有效居家衣物去污法

國家圖書館出版品預行編目資料

60招有效居家衣物去污法 / Page著. --第一版.
--臺北市：腳丫文化， 2010.05
面； 公分（腳丫文化；K046）
ISBN 978-986-7637-56-7（平裝）

1. 洗衣 2. 家政

423.7　　　　　　　　　　99006244

著　作　人：Page
社　　　長：吳榮斌
企劃編輯：徐利宜
美術設計：劉玲珠
出　版　者：腳丫文化出版事業有限公司

總社‧編輯部
地　　　址：104 台北市建國北路二段66號11樓之一
電　　　話：（02）2517-6688
傳　　　真：（02）2515-3368
E - m a i l：cosmax.pub@msa.hinet.net

業　務　部
地　　　址：241 台北縣三重市光復路一段61巷27號11樓A
電　　　話：（02）2278-3158‧2278-2563
　　　　　：（02）2278-3168
E - m a i l：cosmax27@ms76.hinet.net
郵撥帳號：19768287 腳丫文化出版事業有限公司

國內總經銷：千富圖書有限公司（千淞‧建中）
　　　　　　(02)8521-5886
新加坡總代理：Novum Organum Publishing House Pte Ltd
　　　　　　TEL：65-6462-6141
馬來西亞總代理：Novum Organum Publishing House(M)Sdn. Bhd.
　　　　　　TEL：603-9179-6333
印　刷　所：通南彩色印刷有限公司
法律顧問：鄭玉燦律師 (02)2915-5229

定　　　價：新台幣 250 元
發　行　日：2010 年 5 月　第一版　第 1 刷
　　　　　　　6 月　　　　　第 2 刷